と出会う旅

Inu de France

犬・ド・フランス

Photos et Essai

田中 淳

みらいPUBING

Prologue　重なり合う人生と犬生

美しい街並みや、生活感溢れる街の姿が好きで、旅先では「キレイだな」「面白いな」「微笑ましいな」などと、街を歩きながら、心が"ほわっ"としたときに写真を撮っています。
もちろん「犬好き」ではあるのですが、これまで特に「犬」だけに絞って撮影をしてきたわけではありません。ところが気がつくと僕の写真ストックの中に、座り込んでじっとご主人の戻りを待っていたり、リードを引っ張って自己主張を展開したりと、愛らしい仕草を見せる犬たちがたくさんいるのです。

1995 年に初めてパリを訪れたとき、犬に関して驚いたことが二つありました。
一つは、道に落ちている犬の落とし物の多さ (現在はだいぶ減りましたが……)。もう一つは、人と犬が、リードを使わずに、程よい距離を保ちながら散歩をするその姿でした。
落とし物については、その後の訪問時にも、幾度となく踏んづけてしまい辟易としたのですが、散歩姿については、お互いを信頼しきっているような雰囲気が、驚きと共に、とても恰好良く見えたのです。

今でこそ、日本でも犬の躾が行き届くようになりましたが、僕が子供のころ、犬を鎖 (当時はリードではありませんでした) から離すことは、大きなリスクを伴うことでした。犬がどこへ行ってしまうかわからなかったからです。具体的には、交通事故に遭う危険、人を噛んでしまう心配、逃げてしまう不安……といったところでしょうか。
つまり、犬とは、「飼っている」のですが、一方で「ままならぬもの」という感覚が一般的だったのです。
そんな固定観念を持ったまま目にした、フランスでの犬と人間の関係性。自由に生き生きと歩き回る犬たちの姿と、愛情と信頼に満ちた人間の振る舞いに、ある種の衝撃を受けたのです。

おそらくその関係性が、今でも僕の心をくすぐるのでしょう。冒頭にも記しましたが、ヨーロッパを旅していると、犬の写真をたくさん撮ってしまいます。それも、例えば、朝食を買おうと宿から少し離れたパン屋へぶらりと出かけたときや、目的地まで地図を片手に散策しながら歩いているときなど、ふとしたときが多いのです。
そのため、この本に掲載している写真は、あらかじめ構えたカメラで、景色や状況を美しく撮影したようなものではなく、そこここで見かける日常の様子を切り取ったものや、飼い主の方と話をしたり、犬と触れ合ったりしながら撮影した写真が多くを占めています。

たまたま目にした犬とそのご主人とのあいだに、優しく重なり合う人生と犬生が垣間見え、温かいものがふわりと拡がるのを感じたとき、第三者としてその場にいながら

目が離せなくなり、知らず知らずのうちに笑みを浮かべている（ニヤニヤしてしまっている）僕がいます。もしかしたら、この本を手にしてくださった皆さんの中にも、同じ経験や感覚をお持ちの方がいらっしゃるかもしれません。

犬たちが見せる何気ない表情や愛らしい仕草。そして、それを愛情いっぱいに受けとめる穏やかな人々。フランスの美しい街並みや景色を背景に、あたかも旅先で彼らと出会い、共に愉しく過ごしているような感覚で、本書をゆったりと、ときに笑みを浮かべながらご覧いただけたら、とても嬉しく思います。

最後に、フランス好きの方は既にお気づきかもしれませんが、この本のタイトル『Inu de France（犬・ド・フランス）』は、フランスの地域圏「イル＝ド＝フランス（Île-de-France)」の名称をもじって付けています。文法的に読めば「フランスの犬」とも解釈できますので、まあそこは、駄洒落だ、語呂合わせだなどとおっしゃらず、どうかお付き合いいただければ幸いです。

田中 淳

Provins

表紙にも登場しているガーナちゃんと、ご主人のジャン・フランソワさん。互いに見つめ合う姿が微笑ましい。プロヴァンのシャンブル・ドットで

※その他、各章と章の間に、コラム (Entrefilet) やスナップショット (Snapshot) があります。

Chambord

さぁ

穏やかな旅の始まりです

愛らしい犬たち

やさしい飼い主さんたちと

のんびり触れ合ってみてください

私たちと違う　私たちと同じ

いつものフランスが

そこにあります

Bon voyage, et bonne journée !

Chartres

サン゠コランタン大聖堂（Cathédrale
Saint-Corentin）の尖塔を望む静かな通
りには、ブルターニュの旗が誇らしげに掲
げられている

1. Quimper カンペール

フランス国土の北西地域に大西洋に向かってツンと突き出た半島がある。パリからずっと西に行った辺り、その半島一帯地域をブルターニュという。

ブルターニュはその名からも想像できるが、歴史的にも地理的にもブリテン島（イギリスなど）との結びつきが強く、フランスの中でも独特の文化を育んできた。「ケルト」という言葉に反応する方もいるだろうし、ガレットやクレープの本場と言えば、あぁと頷く人がいるかもしれない。

そんなブルターニュ地域圏は4つの県から成っており、その中で最も西、半島の突端にフィニステール（Finistère）という名の県がある。「フィニス」は「終わり」を、「テール」は「大地」を意味する。つまりそこは「地の果て」と名付けられた場所。半島最先端のラ岬（Pointe du Raz）などを訪れ、ゆるく弧を描く水平線や流れる雲を眺めていると、長い時間をかけ大陸を渡ってきた昔の人たちが、そう呼んだのも分かる気がしてくる。

Quimper への行き方

パリ、モンパルナス駅から、TGV（フランス高速鉄道）で、3時間半〜4時間。

「地の果て」などと言うと、なんだか暗くて怖い場所のようなイメージが浮かんでしまうが、もちろんそんなことはない。雨が多いと言われているものの、年間を通して気候は穏やかで、夏でも比較的涼しく過ごしやすい。それに加え、リアス式海岸が続き風光明媚な場所も多く、交通手段さえ何とかなれば、旅行で訪れるにはとてもよい。そんなフィニステールの県庁所在地が、ここ「カンペール」だ。

カンペール旧市街の北に、バターの広場（Place au Beurre）という名の小さな広場がある。その昔、おそらくここでバターの取り引きがされていたものと想像できるが、今はたくさんのクレープリーが周辺に店を構え、クレープリーの広場と呼んでもよさそうなほど大変賑わっている。

夕刻、その賑わいを横目に歩いていると、一角にある茂みの中からちょこんと顔を出す柴犬に出会った。地の果てと呼ばれる所まで来て、こんな可愛らしい柴コ（見知らぬ柴犬のことを、僕は愛情と親しみを込めてそう呼んでいます）に会えるとは！　驚きと共に、思わず笑ってしまいそうになる愛嬌ある姿を見て嬉しくなった僕は、飼い主さんを探すことにした。

Place au Beurre

近くでクレープを食べている家族連れやカップルに、それとなく声をかけてみる。皆さん食事の最中だ。もちろん、できるだけお邪魔にならないよう様子を伺いながら……。

——見つからなかった。僕は柴コのところへ戻って尋ねた。「アンタのご主人何処かいな」。そう言い終えたところでもう一度驚いた。茂みの奥にもう1匹、小さな柴コがいたのだ。

おおっ！

僕が目を見開き、のけ反ってしまったからか、もしくは声が出てしまったからなのか、小さな柴コはちょっと怯えている。顔を出していた大きいコは泰然として、僕が撫でてもピクともしないが、小さいコの方は、僕に興味がありそうな顔をしつつも、警戒して茂みの奥へと引っ込んでゆく。

しばらく待ってみよう。いずれ飼い主さんが食事を終え、このコたちを迎えに来るだろう。そう考えてみたものの、なかなかそれらしき人物が現れない。んー、今回は縁がなかったのかなぁ。僕もそろそろ行かねばならない。辺りはもう暗くなりはじめている。諦めた僕はここを離れることにした。

次の日の夕方、昨日のことが気になっていた僕は、「あのコたち、可愛いかったなぁ。表情も仕草もイイ感じだったし。ご主人に会えなかったのは残念だったけど……」などと考えながら、同じ場所へと行ってみた。「いるわけないよなぁ」と思いつつ。

——あら？　いる！　あの柴コだ。しかも今日は茂みから外へと出ている。近寄って見ると、茂みの奥にもう1匹の小さいコも。

もしかしたら、このコたち、お客さんの犬じゃなくて、どこかのお店の飼い犬かもしれない。僕は辺りを見回した。しかし、どの店も忙しそうで、聞くに聞けない。

そのとき、これまでずっとおとなしかった大きい方のコが、何か気にくわぬことでもされたのだろう、近づいてきた別の犬に突如飛びかかった。ガウガウッ‼
その声を聞いて一人の男性が飛び出してきた。通りすがりの犬から柴コを引き離しなだめている。茂みの奥にいた小さいコが嬉しそうに出てきて彼に飛びつく。この人だ！

一連の騒動が収まり戻って行った男性は近くのクレープリーの店員さんだった。よし、今夜はここで夕食だ。僕はその店に入った。

案内されたテーブルに着くと、あの男性がメニューを
持ってきた。テーブルに置かれたメニューの表紙に、
2匹の柴犬がチョコンと座っている。おぉ!
しばらくして男性が注文を取るため再びやってきた。
僕はガレットとシードルを注文し、すかさず尋ねた。
「広場にいる柴犬は……」「あぁ、僕の犬だよ」彼はそ
う言って、注文を通すために一旦厨房へと下がった。
そしてシードルを運んでくると「飼い主は僕だけど、彼
らにはシェフがいて、シェフは今日いない。ヴァカン
スに出ている」と言った。
シェフ? 日本で「シェフ」と言えばレストランの料理
長と相場は決まっている。しかし、フランス語のシェ
フ (chef) は広い意味での「グループの長」や「上司」
を意味する。つまり……柴犬たちには、現在ヴァカン
ス中の上司がいて……ん? どういうことだ? キョト
ンとしてしまった僕の様子を見て、彼は改めて説明し
てくれた。
「彼らのシェフはミミ。彼らの母犬で、僕のシェフ (店
のオーナー) の飼い犬でもある。ほら、ここに写って
いる」そう言ってメニューの表紙を指でポンポンとや
る。
犬のシェフ……、母犬ミミ……、犬がヴァカンス中
……。なんだか話が面白くなってきた。

L'équipe vous souhaite bonne découverte

注文していたガレットがテーブルに運ばれてきた。「ボ
ナペティ!」と軽快に言って去ろうとする彼の笑顔に
僕は言った。「もしよければ、犬たちの写真を撮らせて
もらえませんか (ホントはもう既に何枚も撮ってし
まっているけど……)」。彼は快諾してくれ、給仕の合
間に一緒に外へ行くことになった。

大きいコの名はイーズィー (Idjie)、
5歳5ヵ月。おとなしくて我慢強
い、ちょっと頑固なところのあ
るお兄さん犬。小さい方はロキ
(Loki)、3歳。警戒心が強くて
甘えん坊、ちょこちょこ動き回る
弟犬。2匹ともミミの子だよ。飼
い主のグレゴリーさんが紹介して
くれる。
グレゴリーさんがそばにいるから
だろう、イーズィーもロキもとて
も嬉しそうだ。さっきまでの様子
とはずいぶん違う。グレゴリーさ
んにそう伝えると、「長い間、僕
と離れているのがイヤみたいなん
だ」と、彼もまた幸せそうな顔を
見せる。

お兄さん犬のイーズィー（手前）と弟のロキ。飼い主のグレゴリーさんと

テーブルに戻り、残りのガレットを食べながら、グレ
ゴリーさんの仕事の邪魔にならないよう再び声をか
けた。母犬ミミのことを聞きたかったからだ。
「ちょっと待ってて」グレゴリーさんはそう言って幾つ
か仕事をこなし、奥の方のテーブルでスマホをいじっ
ている男性のところへ行った。こっちを伺いながら何
やら話している。男性が立ち上がり僕のところへやっ
てきた。「君、ミミに会いに来たの?」
「へ?　いや、あの、広場にいた柴犬たちがとても可
愛らしくて、それで、その……」
「ああ、あの子たちはミミの子さ。じゃあ、この店に
来たのは偶然?」
スィルヴァンさんとおっしゃるこの男性こそ、このク
レープリーのオーナーであり、ミミの飼い主でもある
方だった。
「はい。偶然です」
「残念だけど、今、ミミはヴァカンス中でね。いつも

はここで働いているんだけど」
「働いて……るんですか?」
「そう、バリバリ働いているよ。日本では、柴犬は働
かないの?」
僕は首を振った。するとスィルヴァンさんは疑るよう
な目をし、ちょっと待っててと奥のテーブルへと戻っ
た。パートナーらしき女性と相談しながら、スマホに
向かって何やら話している。「シバイヌ」とか「トラヴァ
イユ」などといった単語がかすかに聞こえてくる。何
かを検索しているようだ。
しばらくしてスィルヴァンさんが戻ってきた。スマホの
画面を僕に見せ、「ほらぁ。日本でも柴犬はちゃんと
働いているじゃないか!」と笑う。
画面には、ニッコリ顔の柴犬が写っていた。タバコ屋
の窓口で上半身を乗り出すように座り、お客さんを
待っている。いい写真だった。僕はそれを見ながらニ
ヤニヤしてしまう。

「ミミは、エクストラオーディネール（extraordinaire／最高に素晴らしい）な犬でね……」。スィルヴァンさんも、彼のパートナーと思われるマダムも、一緒に働いているグレゴリーさんも、口を揃えてそう話す。
「7年前に僕は、彼女（ミミ）と一緒にこの店を立ち上げたんだ」スィルヴァンさんが熱く語り出す。彼があまりにも真面目な顔で話すものだから、僕は一瞬笑ってしまいそうになった、「犬と店を立ち上げたって……」。でも話が進むにつれ、とても強い感動を覚えはじめた。犬だからって下に見ていない。気鋭の実業家が優秀な共同経営者のことを誇らしげに語っているような、そんなインタヴューを見ているみたいなのだ。ミミの仕事は、このお店と広場のマスコットとして、お客さんに喜んでもらうことだと言う。人と同じようにヴァカンス休暇がもらえるくらいの犬なのだから、店の繁盛に一役も二役もかっているのだろう。彼の言葉から溢れ出る、人も犬も隔ての無い家族の話。柴犬愛が止まらない。

「ところで、君は柴犬好きなの？ 飼ってるの?」スィルヴァンさんが訊いてきた。
「大好きです。今は飼っていないのですが、子供のころ柴犬（雑種）を飼ってました」
「そう……じゃ、見せたいものがある」一緒についてくるよう手招きをする。僕は彼に続いてフロアの奥にある階段から二階へと上がった。

店の名前「Ty Ru」はブルトン語で「赤い家」を意味する

二階フロアにもテーブルがいくつか並んでいるがお客さんはいなかった。真っ白な壁に写真が飾られている。
「ミミの写真だよ」スィルヴァンさんが言う。
階段の上は吹き抜けになっていて、屋根裏部屋があるようだった。そこに上がるための梯子や雑多なものが置かれているのが見える。

スィルヴァンさんは天井の梁の辺りをコンコンと叩き、やさしい声で屋根裏に向かって声をかけた。
「リッツィー」
テケテケテケ……。天井から小さく足音が聞こえたと思うと、1匹の柴犬が恐る恐る顔をのぞかせた。うわっ！ この店はいったいどうなっているんだ。

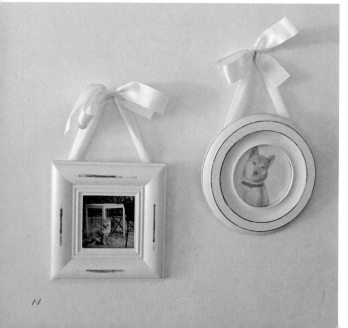

リッツィーはスィルヴァンさんに呼ばれ、近くに行きたいんだけど、僕のことが怖いみたいで、なかなか寄ってこない。その葛藤が彼女の表情や動きでよくわかる。

「ちょっと神経質なんだ」とスィルヴァンさん。

僕は、「怖がっているみたいなので、いいですよ。ありがとうございます」と言ったのだが、「大丈夫」と彼は上から梯子を下ろし、数段登ってリッツィーを迎え入れた。

リッツィーは嬉しそうにスィルヴァンさんの頬を舐めたりするのだが、僕を見るとちょっと不審な表情になる。

ごめんねぇ、リッツィー。変な外国人（僕のことです）が突然やって来て、写真撮らせてくれって言うんだもの。そりゃ警戒するよね。でもね、君は知らないかもしれないけれど、君も僕も、同じルーツを持った者同士なんだよ。よろしく。

もちろんリッツィー（Lidzie）もミミの子で、外にいるロキと一緒に生まれた女の子。みんなの可愛い妹にあたる。今は完治したけれど、一度交通事故に遭って大怪我をしたことがあるらしい。そんなことからも犬一倍警戒心が強いのかもしれない。✍

クレープリー Ty Ru のオーナー、スィルヴァンさんと愛犬リッツィー

驚きと楽しさとガレットでお腹いっぱいになった僕は、お勘定を済ませたあと、皆さんに何度もお礼を言って外へ出た。イーズィーもロキも、昨日初めて出会ったときと同じ感じでそこにいた。イーズィーはのんびり構えているし、ロキは茂みに隠れている。

グレゴリーさんが外に顔を出す。2匹の表情がキラリ輝く。

「Au revoir（さようなら）. Bonne soirée（よい夕べを）」

僕は、すっかり涼しくなった広場をあとにした。

カンペールの街を東西に流れるオデ川

その日の昼間のこと

柴犬たちのいるクレープリー Ty Ru にお邪魔した、その日の昼間のこと。僕は旧市街北側の「ペ公園(Jardin de la Paix)」を訪れていた。オデ川沿いの道から少し入ったところの屋台で買ったジェラートを食べるため、腰を落ち着ける静かな場所を探していたのだ。

「ペ公園」と日本語で聞くと、ヘンな名前と感じるかもしれない。確かに「ペ」という響きは日本では滑稽なイメージを持つ。僕たち世代は子供のころ、「加トちゃんペ」という一言でゲラゲラ笑っていたし、今では「ペッ!」という一音で笑いをとる芸人さんもいる。しかしフランスの「ペ」は至って真面目な単語だ。「平和」や「やすらぎ」などを意味し、公園やカフェ、ホテルなどの名前によく使われている。つまり、僕がいる「ペ公園」は「平和公園」、もしくは「安らぎの公園」ということになる。

ただ、この公園、何となく取ってつけたような感じのする新しい公園だった。隣の「ご隠居公園(Jardin de la Retraite)」には、のんびり寛いでいる人々がいるものの、こちらには誰もいない。結局僕は、うろうろ歩き回っているうちにジェラートを食べきってしまった。

公園は少し高い位置にあった。脇の石壁伝いに歩いてみると、そこは古い城壁の上だった。向こうに見えるのは、昨日、カンペールの市街地に入ったとき、道に迷って何度も通過したロン・ポワン(ランドアバウト/環状交差点)だ。「そうか。ここに出るのか……」僕は頭の中で地図を辿った。

城壁の下は芝生が敷かれ、綺麗に整備された広場になっている。赤シャツのムッシュが一人、犬と戯れていて、僕はボーッとしながらしばらく彼らの様子を眺めていた。

ムッシュが石を投げる。犬が走って拾いに行き、くわえて戻って来る。人間と犬の定番の遊びが繰り広げられている。時々ムッシュが投げたふりをする。すると犬は一旦走りかけてピタッと止まり、振り返ってムッシュに詰め寄り、「なんでやねん！」と激しく吠える。また、こんなパターンもある。ムッシュが石を投げ、犬がダッシュで拾いに行く。しかしそこにはよく似た別の石ころが複数落ちていたようで、犬は迷ってしまう。歩み寄ったムッシュが、コレだよと指し示すと、「知っとるわ！」と言わんばかりに犬はそれをくわえ走り去る。そして、何もなかったように戻って来る。
何だかこのコンビ、面白いなぁ……。そう思った僕は、城壁を降りて彼らの元へと向かった。

「あの……」赤シャツのムッシュに話しかける。
「ん？」振り向いたムッシュの顔を見て、僕はちょっとだけビビってしまった。額に縦に傷があり（深い皺だったのかもしれません）、ちょっと怖そうなのだ。おそらく日本でこういう感じの御方に声をかけられない。
「す、すみません。もしよければ、犬と遊んでいるところを写真に撮らせていただけませんか？」
「うむ」ちょっと息を切らせながらムッシュが頷く。

石ころを投げたふりをするムッシュ。
騙されて走り出した犬は途中で気づくと、
全力で駆け戻り激しく抗議

再び彼らのプレイが始まる。例の、石ころを投げて拾っ
てくる遊びだ。数回に一度見られるムッシュの「投げ
たふり」ボケに対する犬のツッコミは、本当に怒って
いるみたいで、近くで見るととても迫力があった。
遠くから見ている分にはわからなかったが、犬にワン
ワン吠えられている時のムッシュの顔はとても嬉しそ
うだった。我が子と遊ぶ父親や、可愛い孫と戯れる

祖父といった感じではない。仲の良い友人とふざけ合
いながら遊ぶ少年を彷彿させるキラッキラの笑顔だ。
見かけが怖そうな人の純粋な笑顔は結構なパワーが
ある。しばらく彼らを見ていた僕はすっかりほだされ、
さっき若干ビビっていたことなど、コロッと忘れてし
まっていた。

犬の名前はピルーと言った。10歳になるオスで、犬種はグリフォン。広場での遊びを終え、犬をリードで繋ぎながらムッスュが教えてくれた。言葉数は少ないけれど、真面目にとつとつと僕の問いかけに応えてくれる。ピルーと遊んでいる時のような笑顔を見せることはないが、とても穏やかでやさしい方だ。（先ほどは「怖そう」と言ってゴメンなさい）

「これから散歩の続きですか？」

「うむ」

「ちょっとだけ、お供していいですか？」

「ああ、いいよ」ムッスュとピルーは、大聖堂のある方向へと歩き始めた。

話を伺う中で、ムッスュは「3年前にこの町に引っ越してきた」と言った。

「以前はどちらに住んでいたのですか？」

「マルセイユさ」

マルセイユと言えば南フランス最大の港町。フランス国土を六角形と考えたとき、ブルターニュと対角の位置にある最も遠い地域の町だ。そんな遠い場所から、何か訳があって移住してきたのだろうか。もしかしたら彼はもともと漁師だったのではないか。その風貌が海の男っぽい……などと、僕は勝手に想像を膨らませていた。

そんな仮説を立ててみたものの、先を行くムッシュに
後ろから尋ねることはできなかった。その姿は、寂し
そうというのではないが、ムッシュとピルー二人だけ
の世界が出来上がっていて、どこか哀愁を感じるのだ。
先ほど広場にいるとき、「ムッシュ・パケット」という
名前を教えてもらったのだが、「この名前、ブルター
ニュには他にいないよ」と、自慢げにも寂しげにもと
れる笑みを浮かべていたのが印象に残っている。ピ
ルーとの出会いについても、動物保護施設から引き
取ったのが、移住時と同じ「3年前」と言っていた。

大聖堂の横のサン＝コランタン広場でブルターニュの
伝統的な音楽や踊りが披露され、大勢の人たちがそ
れを見に集まっている。ブルターニュの人々は地元に
誇りを持ち結束が強い、といったようなことが色々な
ところで記されているが、それを象徴するイベントだ。
ムッシュとピルーはそれに興味を示すことなく素通り
する。もちろん、もう見慣れているのかもしれないけ
れど……。

異なる土地からブルターニュへやってきたムッシュ・パ
ケット。散歩中は杖を持つムッシュを常に気遣いなが
ら歩く保護犬だったピルー。それぞれの過去はわから
ぬが、3年前に出会いこの町で一緒に住むことになっ
た彼らの結びつきも、とても強いと感じる昼間のひと
時だった。

ピルーは頻繁にムッシュを振り返りながら、
ゆっくりゆっくり歩く。

Un Snapshot à Bayonne

フランス・バスク地方の中心都市「バイヨンヌ」

近頃はルールが決められだいぶ減ったが、以前、フランスではリードを繋がずに犬の散歩をする人が多かった。その姿は、自由、平等、博愛の精神を犬にまで、と思わせるほど。まるで、犬との暮らしの先進国を見ているようだった。

2. Auray   オーレー

Paris

★

Auray への行き方

パリ、モンパルナス駅から、TGV（フランス高速鉄道）で、およそ 3 時間。
ヴァンヌから向かう場合は、TER（地方急行）で、10 〜 15 分。

ブルターニュ半島南部、モルビアン県の中心都市ヴァンヌ (Vannes) の西に、あまり知られていないが美しい港を持つ小さな町オーレーがある。

3,000 もの謎の巨石が並んでいることで世界的に有名な、カルナック (Carnac) の巨石群へ向かう人たちの経由地にもなっている町だが、古い街並みや港の美しさから、この町自体も多くの観光客を惹きつけている。

オーレー川を挟んで町は東西に分かれている。東側の左岸には港があり、周辺に何軒ものレストランが並ぶ。西側の右岸は高台になっており、市庁舎を中心に市街地が広がる。右岸の、かつて城壁があったあたりから眺める、対岸のサン=グスタン港 (Port de Saint-Goustan) と背景の街並みは、「この景色を目にするだけでも訪れた価値がある」と言えるほどに美しい。

面白いのは、川の流れが一日のうちに幾度か変わり、その都度、景色や音、辺りの雰囲気が一変することだ。ブルターニュの海域は干満差が激しいことで知られている。それは、河口付近から 10 キロほど遡り、川幅の狭くなったこの辺りの水流にも影響を及ぼす。流れが穏やかな時間帯は水面に小舟や街並みが映りこみ、静寂の中、その美しさがひときわ映える。しかし潮の満ち引きによって、港のすぐ脇にある石積みの橋の上流と下流で水面の高さに差が生じ始めると、川の水は橋の下の水路を通り、低い方へと音をたてて流れ込む。さっきまで平穏だった港付近の水面には、幾重もの波が立ち、大小の渦が巻く。その荒々しさと静けさのギャップは、かつて激しい戦いの場となったこの町の過去と、穏やかで美しく人々に愛されている現在の街並みの両面を想わせる。

オーレー川の右岸には、水と緑に囲まれた自然豊かな散歩道がある

昨日から降り続いていた雨がようやく止みそうだ。夏の夜7時過ぎ、鉛色だった空が本来の明るさを取り戻しつつある。

街へ繰り出す人たちがいる。ヨットに乗り込む人たちもいる。皆、雨が上がるのを待ちかねていたようだ。

人間だけではない。雨空を鬱陶しく思っていたのは犬たちも同じだ。傘を持つ人が減り薄日が差すと、路上の犬口密度が一気に高まる。

ツツッツツ、テテッテテッ、ドドドド、ダダダダ、ビューン。僕の目の前を大きな犬がものすごい勢いで走り去っていった。

あっけに取られている僕の後ろで男性（ムッスュ）が叫ぶ。「ネルソン！」

その声に反応した犬が、振り向いて戻ってくる。ツツッツツ、テテッテテッ、ドドドド、ダダダダ、ビューン。濡れた土を跳ね上げ、僕のすぐ脇をすり抜けてゆく。僕が漫画のキャラクターだったら、おそらくクルクル回って倒れている。そんな勢いだ。

オーレー川の右岸は、木々の緑と川の流れに挟まれた絶好の散歩道になっている。その一本道を犬が駆け回っている。

ムッスュが小枝を掴んで掲げる。「ネルソン。来い！」

犬がそれに向かって突進する。遊ぼ！　遊ぼ！　投げて！　投げて！　身体をゆすり、立ったり伏せたりし、飛び跳ね、全身でそう訴えている。

「ネルソンっていうんですか。ものすごいスピードですね」僕は、遅れてやって来た女性（マダム）に話しかけた。

「そうなのよ」マダムは半分呆れたように笑う。

ネルソンは100メートルくらい先まで走って行ったかと思うと、くるりと踵を返して戻って来る。時に林の中へ突っ込んで行き、姿が見えなくなったところで名前を呼ばれ、茂みからポーンと飛び出して来る。

ネルソンはポインターという犬種だ。ポインターを近くで見るのは、僕にとっておそらく初めてのことだ。

テレビや映画などで見たことはあるが、日本の街なかで出会うことはまずない。

「ポインターは猟犬としてとても優れた犬なんだ」走るネルソンを目で追いながらムッシュが説明してくれる。そういえば、ドラマかドキュメントかは覚えていないが、確かに猟をする人間と一緒にいる犬の姿を見た記憶がある。

「そして……とってもダイナミック」ムッシュが誇らしげに僕を見る。

「ネルソンは今何歳ですか？」

「まだ9ヵ月の子供さ」

「え！　あんなに大きいのに？」

「ついこの前まで、小っちゃかったんだけどね……」

やんちゃ盛りの可愛い息子を見るような目でマダムが言う。

「ピーッ！」ムッシュが指笛を吹く。

ネルソンが猛ダッシュで戻って来た。ムッシュはネルソンに幾つか指示を出し、少し戯れたあと、彼をリードで繋いだ。突風のように舞っていた周辺の空気が、一気に沈静化した。

僕はネルソンに触らせてもらった。

思っていたほど、彼は大きくなかった。さっきまでは、その激しい動きから実際以上に大きく見えていたのかもしれない。引き締まった肉体に短い毛、目はとてもやさしい。あんなに走り回っていたのに息一つ乱れていない。ネルソンは僕に気を許してくれたみたいで、ぐっと背中を押しあててきた。

ベトッ……、僕のズボンが濡れて黒くなる。

「あぁーゴメン。さっき川に飛び込んだから」ムッシュがリードを引っ張る。

「サヴァ、サヴァ (大丈夫)」と笑顔で応えたものの、2本持ってきているズボンのうち1本は昨日の雨で濡れてしまい、今はいているのが残りの1本。ま、でも、冬に取材に来たとき、ダウンコートが足跡だらけになったこともあると話すと、「犬と一緒にいると仕方ないね」と、主犯格のネルソンを囲み三人で笑った。

Je suis le maître de mon destin
et le capitaine de mon âme.
Nelson Mandela

* Je suis le maître de mon destin et le capitaine de mon âme. (私は私の運命の主人であり、私の魂の船長である。) イギリスの詩人 William Ernest Henley (ウィリアム・アーネスト・ヘンリー) の詩「Invictus」の一節で、投獄されたネルソン・マンデラが心の支えとしていた言葉。

ネルソンがリードをグイと引っ張った。ムッシュはリードを持つ手に力をこめる。「お嬢さんが現れたね」。
見ると、ネルソンと同じくらいの大きさの黒い犬がこちらへやって来る。ネルソンも黒いコも、お互いちょっと気になる様子。特にネルソンの方は興味津々なようで、飼い主さんに促され先へと行ってしまった黒いコを追いかけたくて仕方がない。
「ところで……」ムッシュが言う。「何故、ネルソンって名前になったか分かる?」
「ネルソン・マンデラ……ですか?」ある町の宿の壁に書かれていたマンデラ元大統領の言葉が、たまたま僕の頭に残っていたのでそう答えた。*
「いや、そうじゃなくて……質問を変えよう。フランス流の犬の名前の付け方、知ってる?」
「名前の付け方?」
「彼は去年 (2017年) の12月に生まれたんだ」ムッシュはそう言って、ネルソンの背中を撫でた。「2017年に生まれた犬の名前。その頭文字はNなんだ。それでネルソン (Nelson)」
僕は黙ってしまった。ちょっと何言ってんだかわかんない……。

ムッシュが続ける。「もし彼の誕生が少し遅れて、今年（2018 年）に入って生まれていたら、頭文字は O。名前が変わっていた可能性がある」

僕はムッシュを見返した。ムッシュは悪戯っぽい笑みを浮かべて僕を伺っている。僕が首を横に振ると、ムッシュは順々に指を立てながらアルファベを唱え始めた。「A、B、C、D……」

説明によると、A、B、C、D と、順番に、年によって付ける名前の頭文字が決まっているらしい。ただし「J.K」や「P.Q」など複数の文字が割り当てられている年もあり（その場合はその中のどれかを使う）、全体として 20 年で一回りするように区分されていると言う。名前を聞けばその犬がいつ生まれたか、つまり何歳か想像がつくといった具合だ。（2013 年：I ／ 2014 年：J.K ／ 2015 年：L ／ 2016 年：M ／ 2017 年：N ／ 2018 年：O ／ 2019 年：P.Q ／ 2020 年：R ／ 2021 年：S ／ 2022 年：T ……）

「でも、もちろん義務じゃないのよ。そういう方法が昔からあるだけ。それから、犬だけじゃなくて、猫もね」そうマダムが付け加える。

僕はカンペールで出会った柴コたちを思い起こしていた。お兄さん犬のイーズィー（Idjie）は 5 歳と言っていた。つまり 2013 年生まれで頭文字は I。弟のロキ（Loki）と妹のリッツィー（Lidzie）は 3 歳、2015 年生まれで頭文字は L。全て当てはまっている。母犬のミミ（Mimi）は 9 歳だから、彼女だけはこの法則外ということか。

そうこうしているうちに、さっき通り過ぎて行った黒いお嬢さん犬と飼い主のマダムが戻って来た。黒いコは、ネルソンにちょっかいを出しつつ走り去り、マダムは立ち止まって、ネルソンのご主人シャトー夫妻（これまで登場していたムッシュとマダムのことです）と犬談義を始めた。三人が話す本気のフランス語は殆ど聞き取れない。僕が日本人特有の愛想笑いでその場を繕っていると、ネルソンが解き放たれることになった。

矢のように飛び出すネルソン、黒いコを追いかけてゆく。

ダダダダダー、ツツッツツツ……。

2 匹は遠くで少しじゃれ合ったあと、揃ってこっちへ戻って来る。ツツッツツツ、ツツッ、テテッテテッ、テテッ、ドドドドドド、ダダダダダ。そしてまた向こうへ。ダダダダ、テテテテ、ツツッツツツ……。2 匹は林の中へと消えた。

「ピーッ！　ネルソン！」ムッシュが再び指笛を鳴らす。
ツツッツツッ、テテッテテッ、ドドドド、ダダテテテテ、
テ、テ、テ、テ、テ。ネルソンが戻って来た。
あれ？　ネルソン、きみ一人？　少し待っても黒いコ
が戻って来ない。飼い主のマダムが林に向かって呼び
かける。「ジュン！」
え？　「ジューン！」再びマダムが声をあげる。
あのコ、僕と同じ名前なんだ。戻って来ないのも気に
なるけれど、そっちの方がもっと気になる。

「ジュン。戻っておいで！」困ったコだわ、全くも
う……。そんな素振りを見せつつも、マダムの表情に
は犬を信頼している余裕がある。
「ジューン！」もう一度大きな声。何だかちょっと恥ず
かしくなってきた。
林の方を気に掛けるマダムとシャトー夫妻に、僕は白
状するみたいな感じで言った。「あの……実は、僕も、
名前をジュンと言いまして……」
一瞬の沈黙のあと、ネルソンを除く皆がドッと笑った。

取材を終え港のあたりへ戻ってみると、引き潮
の影響で水面がうねっていた。
24、25 ページの写真の、およそ 1 時間後の
様子です

翌朝のマルシェで

旅の途中、僕はよくマルシェ（市場）に立ち寄るのだが、それは買い物をするためだけではない。

仕事といえどもしゃっちょこばらずにお客さんと接し、明るく楽しく店を切り盛りする人たちの様子を見たり、買い物に来る人たちそれぞれに垣間見える、日常の断片を感じたりするのが好きだからだ。

手を繋いだ老夫婦が互いを気にかけながら、ゆるりゆるりと店を巡ってる。スーツでビシッと決めたムッシュが、新聞紙にくるまれたバゲット一本を抱え颯爽と歩いている。三人の幼子を連れた若夫婦が、更に2匹の犬を連れ、皆でゴチャゴチャになりながら大量の買い出しをしている。警察官のムッシュ、マダムが制服のまま、市民とニコニコ世間話をしながらジェラートを頬張っている。

挨拶、会話、ふれあい、笑い、匂い、色、味、雰囲気など、たとえ物を買わずとも、市場では五感を潤すことができ、その場に浸るのはとても楽しい。

そんなマルシェが週に二度、オーレーの町にやってくる。

ネルソンたちと出会った次の日のこと。未だ準備中の店が多いマルシェの中を歩いていると、オリーブ屋さんの脇で、仔犬を連れたマダムを見かけ、思わず声をかけた。
「可愛いですねぇ」
「ふふ。まだ生まれて3ヵ月なの」
はぁ……小っちゃい。でも、この姿形の犬はフランスでよく見かける。「えっと、ベルジェ……」
「そう。ベルジェ・オーストラリアン（オーストラリアン・シェパード）よ」
「可愛いですねぇ」溜息混じりに、また言ってしまう。
「ありがとう」マダムはとっても嬉しそう。しかも仔犬に対して「私の赤ちゃん（Mon bébé ／ モン・ベベ）」と何度も呼びかけている。そのときのマダムの溢れんばかりの笑顔ときたらもう……、本当に可愛くて仕方がないのだろう。

「あの……」よければ話を聞かせて欲しいと言いかけたところで、マダムが向こうを指差した。気づいた仔犬が騒ぎ出す。若い女性がこっちへやって来る。仔犬は彼女の前で半ばパニック状態。「好き好き大好き」の大騒ぎだ。
マダムが彼女を紹介してくれる。「私の娘よ。待ち合わせしてたの。これから一緒にお買い物」
「そうですか……」あまり時間をとらせても申し訳ない。そう思った僕は、買い物をしている様子を撮影させて欲しいとお願いした。
「いいわよ」そう言ってマダムは、仔犬に向けていたニッコリ顔を、そのまま僕に向けてくれた。

落ち着きを取り戻した仔犬を連れ、散歩兼買い物のスタートだ。

が、仔犬は周りの全てが珍しいのだろう。あっちへ行ったりこっちへ行ったり、人間のペースなんてどこ吹く風。

マダムも始めのうちは仔犬の動きに任せていたが、なかなか思うように進めないので、思わず仔犬を抱き上げ移動を開始。仔犬にとってそれでは散歩にならないけれど、そこは仕方がないということだろう。それに、抱っこされた仔犬くんもまんざらではない様子。

可愛さとじれったさが交錯し、ささやかな葛藤が人間
からは漏れ伝わり、仔犬は仔犬でマイペース。大人二
人と小さな1匹が繰り広げるちょっとした情景が、僕
に限らず周りの人を和ませる。

とあるお店の前で仔犬が下に降ろされた。母娘はアク
セサリーを物色中。もちろん仔犬くんは興味なし。
ちょっと退屈になってくる。そこへ犬好きの人たちが
やってくる。「まぁ、可愛い」
仔犬くんも人見知りせず、ふれあいを楽しんでいる。
アクセサリーを購入後、母娘は先に進もうとするが、
何にでも興味を示す仔犬の動きに翻弄され、やはり

なかなか進めない。「よそ見しちゃだめよ」マダムが
やさしく言い聞かせるが、仔犬の耳に念仏。
再び抱っこ。マダムはニコニコしながら腕の中を覗き
込む。「私の可愛い赤ちゃん」
娘さんは立派に育って独立した。そして今、マダムに
とって、新たな子育てが始まったのだ。大変なことは
色々あるだろう、しかしその何倍もの喜びが、今の彼
女を取り巻いている。

別れ際、仔犬とのツーショット写真を撮らせてもらい、
名前を訊いた。
「私はベアトリス。この子はオスロ（Oslo）よ」
オスロ……、あ、頭文字 O だ……。

Un Snapshot à Nice

コート・ダズュールの中心都市「ニース」

ニース名物の Socca（ソッカ：ひよこ豆の粉を焼い
たクレープのような食べ物）を売るお店から、ご主
人が出てきてバイクに跨った。マルシェで出店する
ため出かけるようだ。
その後すぐに慌てて飛び出し、椅子に飛び乗り必
死に吠える。「早く帰って来てよ！　いってらっしゃ
い」って言っているみたいに。

3. Saint-Malo　サン＝マロ

★　Paris

Saint-Malo への行き方

パリ、モンパルナス駅から、TGV（フラン
ス高速鉄道）で、およそ 2 時間半。
レンヌから向かう場合は、TGV（フランス
高速鉄道）で、およそ 45 分。TER（地方
急行）で、およそ 1 時間。

ブルターニュ半島北側の付け根あたりに、城壁に囲まれた要塞都市「サン＝マロ」がある。世界屈指の観光地「モン・サン＝ミシェル」から西へおよそ40キロ。牡蠣で有名な「カンカル」からは車で30分くらいの場所だ。

サン＝マロは現在、ブルターニュで最大の観光地の一つとなっている。様々なところで町の紹介がされており、その中に「海賊」というワードがよく出てくる。16世紀頃から国王公認の海賊が活躍し……というものだが、それは海賊とは異なり、敵国の船の積み荷を合法的に押収する私掠船（しりゃくせん）だと説明する向きもあり、ややこしい。

いずれにしても、コルセールと呼ばれた彼らの拠点としてサン＝マロは繁栄を極め、17世紀末にはフランス随一の港と呼ばれたらしい。力を持ち過ぎたせいか、町をして、フランスでもブルターニュでもない独立国だと主張する時期もあったという。城壁自体は12世紀に築かれたものだが、その頑なな主張は、今なお完全な形で町を取り囲む堅牢な城壁に象徴されているかのようだ。

戦いの歴史によって育まれたサン＝マロだが、見応えある落ち着いた雰囲気の街並みと、引き潮時に広大な天然プールを作ってくれる美しい海とで、現代の旅人を魅了し続けている。

好天の朝、サン＝マロの浜辺を散歩するのは気持ちがいい。昨夜は波が城壁付近まで来ていたが、今朝は潮がグンと引いていて、かつての台場「フォール・ナスィオナル」まで歩いて行ける。

その手前に、広い水たまりのようになった浅瀬があり、1匹の犬が水に浸かりながら盛んに吠えている。近くにはマダムとムッシュ。吠える犬の様子を見ながら、マダムがケラケラ笑っている。

「何でそんなに……（吠えているのですか）？」と僕。

「たぶんね。あそこに小さな魚やカニがいるの。アッハッハ」マダムの笑いが止まらない。

確かに犬の動きは面白い。こちらから見ている分には、岩に向かって真剣に吠え、戦いを挑んでいるみたいだ。水の中で犬が飛び跳ね吠えるたび、マダムが白い歯を輝かせケラケラと笑う。

ちょっとヤンチャに見える犬の動きから、「男の子ですか？」と尋ねた。

「女のコなのよ。アーッハッハ」

犬の動きも面白いけれど、屈託ないマダムの笑い声を聞いていると、何だかこっちも愉快になってくる。

犬の名前はシャネル。6歳のヨークシャー・テリアだ。

「人間みたいでしょ？」マダムが言う。

「人間……ですか？」

「何というか……可笑しなことしてる」

僕の聞き間違いだったのかもしれないけれど、マダムは犬のことを一人の人間みたいだと言った。最初は意味が分からなかったのだけれど、言葉通り受け取り考えてみると、それは、とても深い。

アッハッハ……。マダムの笑い声がまた響く。
お転婆なシャネルを、豪快に笑いながら見守るマダム。
その横にいるムッシュは、正反対のオーラを発して眺めている。おそらくシャネルが溺れたりしないか心配なのだろう。僕は、表情の硬いムッシュに話しかけた。
「シャネルは水を怖がらないですね」
「Sorry. I can't speak French.」
え？　いや、あの、僕も超〜カタコト仏語で恥ずかしい……と思いながらマダムを見た。
「主人はドイツ人。私たちドイツのトレーヴ (Trêves) から来てるの」
「でも、あなたは普通にフランス語を……」
「私はフランス人よ。スペイン生まれのね。ついでに言うと、シャネルはベルギー生まれのイギリスの犬（ヨークシャー）」。そう言ってマダムは、白い歯を見せる。

そんなマダムの笑顔が、一度だけ曇ったことがあった。
海から上がったシャネルが、心配そうに手を差し伸べるムッシュの横をすり抜け、浜辺でゴロゴロ寝転がり、砂まみれになる遊びを始めた。

その姿や行動はやはり見ていて面白く、マダムはケラケラ笑っていた。

ところがその後、シャネルは何を思ったのか、少し離れた場所でトランプ遊びに興じていた若者集団の中へ突っ込んでいった。

状況を少し分かりやすくするため、日本で馴染みの光景に例えるならば、「ビニールシートを広げ、仲間とののんびり花見をしていたら、砂まみれの濡れた小さなイノシシが突然突っ込んできた」といった感じだろうか。悲鳴があがる。

マダムとムッシュが血相を変え走って行く。「シャネルッ！」

マダムは若者たちに謝りながら、ムッシュは無言でシャネルを追い回す。

暴れ回るシャネルを捕まえたのは、トランプを片手に持った青年だった。シャネルを円陣の外へとつまみ出す。そして、ゲームが佳境だったのだろう、すぐにトランプを再開する。

「本当にごめんなさい」マダムは平謝りだ。

それでもシャネルは諦めない。再度攻撃態勢に入るものの、そこはマダムに抑えられた。

泣きそうな顔でシャネルに一言二言話しかけるマダム。とうとう降参した様子のシャネル。念のため厳戒態勢の構えで待機するムッシュ。三者三様だ。

しばらくして、マダムが再びケラケラと笑いだした。
そして、シャネルをリードで繋ぐ。愛情たっぷりのキス。
気を取り直し、三人(二人と1匹) で砂浜散歩の再開だ。
リードで繋がれてもシャネルのお転婆ぶりは変わらな
い。さっきも夢中でやっていた砂まみれになる遊びを
始めた。マダムは大きく笑うが、ムッシュは一歩引い
て見守っている。

この夫婦を例えるならば、マダムは明らかに太陽だ。
そしてムッシュは静かに物事を見守る月のよう。
今、マダムとムッシュのもとに、お転婆なシャネルが
いる。そしてマダムは、シャネルを人間だと言っていた。
得体の知れないものに吠え、時に誰かの邪魔をして、
地面の上に転がって可笑しなことをし、それでも月
と太陽に見守られ幸せにしているのが、人間なのか
……。

その後、おとなしく歩いていたシャネルが、
しばらくしてまた転がり始めた。

おいおい、月も太陽も見てないよ。

L'Entrefilet コラム ① 作曲家サティの故郷「オンフルール」の旧港で

オンフルールの旧港で出会ったアミオ夫妻。
ご主人の退職を機に、4年前、パリから近くの町に引っ越して来たという。
連れているのは愛犬のジプシーちゃん（7歳メス）だ。
「彼は仕事を辞めてから、ジプシーと一緒にいる時間が一層長くなったわ」
奥さんが、ご主人のことを冷かしながら言う。
「確かにそうだ。可愛いヤツ」ご主人はジェラートを食べ終えると、そう言って
ジプシーに熱く口づけをした。

Honfleur

ブーヴロン＝アン＝オージュの村で、兄弟でアンティーク・ショップを経営するフレデリックさん。愛犬は 10 歳になるコトン・ド・テュレアールのダーリンちゃんだ。

コトン・ド……？　初めて聞く犬種だと言うと、フレデリックさんの兄ジャン・ジャックさんがとても丁寧に説明してくれた。全ては理解できなかったが、「宝石などの採掘場で働く子供たちの邪魔をするネズミなどを追い払うために使われた、マダカスカル原産の犬、云々」と、やや深刻に、社会問題を交えるようにして……。

ただ、ダーリンは今、愛情に溢れたとても良い環境にいる。フレデリックさんが、お店に隣接したご自宅も見せてくださったのだが、温かく清潔な、心地よい雰囲気が漂う中、幾つかのおもちゃと共に、彼女用のベッドが用意されていた。

Beuvron-en-Auge

4. Dinan ディナン

イギリス海峡を望む要塞都市「サン=マロ」と、北の
ニースと例えられる保養地「ディナール」との間に、
ランス川という名の川がある。河口付近の川幅が場所
によっては1キロを超え、地図で見ると、それは大き
く長い入り江に見える。現在そこには潮汐発電所が設
けられ、流れが堰き止められているが、かつてはこの
川を利用した物資の運搬や交流が盛んに行われてい
たという。
このランス川を、河口から遡ることおよそ20キロの
ところに、中世の城壁や木骨造の古い建物が数多く
現存する町「ディナン」がある。この辺りまで来ると
川幅は随分狭くなっているものの、町には小さな港が
残っており、サン=マロからの遊覧船が今も発着して
いる。
普段は静かな町のようだが、ヴァカンス・シーズンを
迎えると、国内外から大勢の観光客が訪れる。更に
マルシェの開催日が重なると、近隣からの買い物客も
相まって、大変な賑わいとなる。商店やレストランが
益々繁盛し、街角では大道芸人の方たちが活躍する。
そしてこの日も、何組もの芸人さんたちが独自の芸を
披露しながら、行き交う人々を楽しませていた。

Paris

Dinan への行き方

レンヌから TER (地方急行) で、ドル=ド
=ブルターニュへ行き (30 〜 40 分)、バ
スに乗り換えて、更に 30 〜 40 分。
レンタカー移動が可能な場合は、レンヌか
らおよそ 1 時間 15 分 (約 60 km)。

柔らかく、震えて拡がり、身体の芯に直接流れ込ん
でくるような音楽が聞こえてくる。この音、聞いたこ
とがある。数日前に訪れたコンカルノーという町で出
会ったストリート・ミュージシャンが奏でていた音だ。
とても気に入り、演奏後、Hang（ハング）という楽
器名を教えてもらった。柄を取った中華鍋を内向きに
二つ重ね合わせ窪みを入れたような、UFO みたいな
形の珍しいドラムだ。その音色がこの町でも聞こえて
くる。
音のする方向へ、人の波に逆らうように通りを進む。
観客の隙間から中を覗くと、やさしい表情を浮かべ
た犬が寝そべっているのが見えた。その奥でミュージ
シャンが例のドラムを叩いている。

犬は時々、気持ちよさそうにゴロンゴロ
ンと転がって見せる。彼自身も音楽に魅
せられ、まるでゆったりと踊っているみ
たいだ。その姿はとても愛らしく、音
楽の美しさを、より柔らかい調べへと
変換し観衆の心に届けている。優美
な音色に包まれながら、思わず彼に
触れに来てしまう人たちもいる。

「彼、音楽に合わせて踊っていま
したね」
演奏が一通り終わったところで話をさせてもらった。
「あぁ、歌を歌うこともあるよ」そう答えてくれたの
はミュージシャンでアーティストでもあるジョンさん
だ。演奏中は真剣な顔つきだったけれど、とても柔
和で、やさしく穏やかに話してくれる。
「歌を？　それは聞きたかったなぁ」
「時々ね。彼は自由な犬だから、歌いたいときに歌う
んだ」

「ところで、その楽器は Hang ですか?」
「Zagdrum といって Hang の親戚みたいなものだ
よ」確かに音は似ているけれど、僕がコンカルノーで
目にしたのは、こんなにツルっとしたものではなかっ
た。

僕の横に女の子が現れた。さっき聴衆の中にいた子だ。
「お嬢ちゃん。演奏してみる？」ジョンさんが女の子にスティックを渡す。
遠慮がちに Zagdrum を叩く女の子。
「トレ・ビアン！（上手い！）」ジョンさんがにこやかに対応し、女の子の母親が嬉しそうにスマホで彼女を撮っている。
あぁ、いいなぁこの光景……。僕はその間、犬に触れさせてもらう。
やさしい目をしたコだなぁ。初めて見た時からそう感じていた。ジョンさんと相性抜群といった感じがする。

女の子の家族が礼を言い、満足げに去っていく。僕は再びジョンさんに声をかけた。
「あなたの犬、とてもおとなしいですね」
「実は、僕の犬じゃないんだ」意外な答えだった。「僕と一緒に住んでいるオリヴィエの犬」
「え？　でも……」僕が犬の方を見ると、犬はジョンさんを見つめている。
「そう、何故かいつも僕にくっついて来る。音楽が好きなんじゃないかな」
「それで、踊ったり、歌ったり……」

「はは、そう。僕も彼と一緒にいるのがとても楽しい。それに、君が言うようにおとなしいのはその通り。だから首輪もリードもせずに自由にさせていられる」
僕は犬のお腹を撫でながら、日本語とフランス語で犬に話しかけてみた。「ちょっと歌ってみてくれる？」
犬は気持ちよさそうにしているものの、僕のリクエストには応えてくれない。当たり前か……。
ジョンさんが日本語に興味を示したので、彼の言うフランス語の単語「musique」や「amour」「rêve」などを、「音楽」や「愛」「夢」などと漢字で書いて手渡した。そして犬の名前もカタカナで書いて渡そうと、名前や年齢を訊いた。
「彼の名前はルル。オス。13 歳」
「ルル！？」ちょっと大きめの声が出てしまった。ジョンさんが不思議そうな顔をしたので、僕は訳を話した。「僕の両親の家（実家）に、少し前までいた犬の名前が同じルルだったので……。でも……去年病気で亡くなりました」
ジョンさんは黙って頷いてくれる。ルルもジッと僕を見る。
会話が途絶えている少しの間、僕はふと考えていた。片言でも犬語が話せたら、目の前で寝そべっているこのコに伝えたい。「ルル。君は今 13 歳で高齢だけど、うちの実家のルルの分まで長生きするんだ。きっとだよ」

ジョンさんが「僕は第二の飼い主だから、ルルのこと
をもっと知りたければ、第一の飼い主オリヴィエに聞い
ておくよ」と言ってくださったので、幾つかの質問
と名刺を渡して彼と別れた。

およそ1ヵ月後、僕のところに封筒が届いた。開けて
みると、まずジョンさんの言葉で「この答えは、この
家の子供たちアデルとルナからです」とある。ジョン
さんの同居人オリヴィエさんのお子さんたちのようだ
が、家族関係はよくわからない。
彼らが書いてくれた返事の中には、ルルとの思い出と
して、「ヴァカンスで南部のミルポワへ行ったとき、ル
ルの頭にスカーフを巻いて変装させ……」といった子
供らしく楽しい話がある一方、とても心に残る一文が
あった。
"Pour nous, c'est un petit ange sur terre et
c'est le chien de notre vie." (私たちにとって、
彼は地上にいる小さな天使、そして生涯の犬です。)
子供たちが何歳かは判らぬが、子供というからには
小学生か中学生くらいだろう。彼らが犬に対してこん
なふうに答えることのできる国フランスは凄いと、率
直にそう思った。

モンタルジという町のカフェで出会ったジーノくん（7歳）は眼の色が左右違う。

左目はハスキー犬。右目は他の犬種らしい。だから、見る方向によって顔つきが少し違って見える。

実は、この話は、ここには登場しないご近所のマダムが教えてくれた。

ジーノくんのご主人は寡黙な方で、訊いたことには応えてくれるが余計なことは喋らない。

それでも、ときどき甘えてくるジーノくんのことはやはり可愛くて仕方がないようだ。

Montargis

仔犬を連れているのは、バイユーの学校で音楽の先生をしているシモンさん。相棒は、生まれてまだ11週間のオスティナートくん。公園に散歩に来たのはいいが、おっとりとしながらも自由気ままに動き回る。
「これから大聖堂でパイプオルガンを弾かなくちゃいけないんだ」と、シモンさんが帰ることを促すが、「まだ遊ぶ！」とばかりになかなか言うことを聞いてくれない。
「おいで、行くよ」とそれこそ何度も繰り返し（音楽用語で「オスティナート」は「繰り返し」だそう）言われ、最後は抱きかかえられて帰って行った。

Bayeux

木骨造りの建物が並ぶヴァンヌ旧市街の通り

5. Vannes ヴァンヌ

Paris
★

ブルターニュ半島南部に「モルビアン湾」という名の美しい湾がある。大小多くの島が湾内に点在し、日本で言うところの「松島湾」のような景勝地となっている。

モルビアンとはブルトン語で「小さな海」を表し、この一帯の県名にもなっている。その県庁所在地が湾の北岸に位置する古都「ヴァンヌ」だ。

かつてブルターニュが独立国だったころ、ここは首都が置かれたことのある歴史ある町。14世紀に建造された城壁が今も残り、花々で彩られた現代の庭園と美しいコントラストを見せる。また、城壁に囲まれた旧市街には木骨造りの古い建物が軒を並べ、その趣ある景観はゴシック様式の大聖堂などと共に、訪れる人々を楽しませている。

Vannes への行き方

パリ、モンパルナス駅から、TGV（フランス高速鉄道）で、およそ2時間半。

木骨造りの建物がたくさん並ぶ通りを散策しながら、この建築法のフランス語名が思い出せずにいた。「ハーフ・ティンバーじゃなくて、えっと……何だっけ？」*ネットで調べればすぐに判明するのだろうが、外で Wi-Fi は使えない。しかも先ほどチェック・インした宿では、オーナーから「ここ数日インターネットが機能しない。業者が来るのは4日後だ。私も困っている。だから支払いは現金で頼む」と言われたばかり。これでは宿に戻っても調べることすらできない。うむー、スッキリしない。

何か手掛かりは無かろうかと土産物屋に入り、得るもの無く出て来たところで、柴犬の仔犬とばったり出会った。

おぉー！　こんな所で日本犬に、しかも小っちゃい……。

嬉しくなって、連れていたお兄さんに話しかける。「日本の犬ですよね！　僕、日本の人です。なので、触っていいですか？」ちょっと興奮ぎみだったせいで、変な言い回しになってしまった。

＊ 木骨造りはフランス語でコロンバージュ
　（Colombages）でした。

「どうぞ」お兄さんは軽い感じで応じてくれる。
「可愛いですねぇ。何歳ですか？　男の子？　女の
子？」思いっきり飛びかかって来る"仔柴コ"とじゃれ
合う。
「生後４ヵ月。男の子だよ」
「イテテテ……」掌を軽く噛まれながら、更に訊く。
「柴犬を、イテッ、飼いたかったのですか？」
「以前からインターネットで見ていて、とても可愛いし、
イイ犬だなぁと思っていたんだ」
「そうですか。ありがとうございます！」日本犬である
柴犬が褒められたことが嬉しくて、全く関係がないの
に思わずお礼を言ってしまい、お兄さんにキョトンと

されてしまった。
　その後も、「ぁ痛……」と、顔に向かってパンチをさ
れたり、頭突きをされたりしながら僕が仔柴コと戯れ
ていると、楽しそうに見えたのか、どんどん人が集まっ
て来た。代わるがわる彼と遊びだす。
「可愛いねぇ」「何歳？」「男の子？　女の子？」さっき
僕が尋ねたような声が聞こえてくる。
　そんな中、地元のポップな若者たちがやって来て「お、
日本の犬じゃねぇか。すっげぇ可愛い！」と皆で盛り
上がっていた時には更に益々嬉しくなって、自分の犬
でもないのにちょっと自慢気な、高揚した気分になっ
た。

ふと、冷静になって周りを見ると、どうもお兄さんは家族4人で一緒に行動していたようで、近くにご両親と、弟さんが待っている。

「あぁ、ゴメンなさい。お邪魔してしまって」

「大丈夫よ」マダムが笑顔で応じてくれる。僕のせいで家族皆が足止めされてしまったけれど、愛犬が大勢の人気者になっていたことに、悪い気はしなかったようだ。

「どこかへ行く途中だったのですか?」

「まぁ、色々ね。買い物をしたり、レストランを探したり……」

「地元の方ですか?」僕は訊いた。

「いいえ。パリから」

「ヴァカンスで?」

「そう。家族でね」

「じゃあ、このコ、初めてのヴァカンスだ。名前は何て?」

「エキスポー」(← 最初、そう聞こえた。1音節目の「エ」にアクセントを置いて読んでください)

「え? エキスポ?」

「ノン。エクスフォー」ゆっくりと発音してくれるが、今一つ聞き取れない。

書いてもらう。── OXFORD。綴りを読む僕。「えっと……オックスフォード?」

「そう。オックスフォー」

生粋の柴犬で、顔つきも姿も純和風の仔犬。なのに名前はオックスフォード。あまりのハイカラなネーミングに僕はニヤニヤしてしまう。格好良い名前つけてもらったねぇ。

「何だかとても頭の良さそうな名前ですね」そう言いかけて気がついた。……あ、このコの名前も頭文字○だ。

監獄門（La Porte Prison）の周辺は、いつも大勢の人で賑わっている

更なる日本犬との出会い

その日の夕方、旧市街への出入り口となっている「監獄門」の近くの小さな広場で、秋田犬を連れた若者集団と出会った。

おぉー！　こんな所で日本犬に……。

「日本の犬ですよね！　僕、日本の人です。なので……」あぁ、今朝の失敗の繰り返しだ。思わぬタイミングでの日本犬との出会いに、またも動揺してしまった。

「いいですよ」五人組（男三、女二）の中の一人、秋田犬のご主人らしき青年が笑顔で応じてくれる。「ミク、おいで。写真撮ってくれるってさ」彼は親切にも広場の片隅に犬を連れて行き、そこでポーズをとらせる。

「ありがとうございます」僕は、遠慮なく写真を撮らせてもらった。

しばらくしてカメラを下ろした僕は、犬に触れようと近づいた。しかし秋田犬はスルスルと後ずさり。「怖くないよー、大丈夫だよー」などとなだめても、もちろん効果なし。

「シャイでね。慣れていない人が苦手なんだ」飼い主青年が言う。確かに仲間の皆さんとは普通に接している。僕も時間をかければ仲良くなれるだろうか。

諦めた僕は再びカメラを手に取る。そして、僕を珍しそうに見ている若者たちに「よければ皆さんも一緒に撮らせてもらえませんか？」と言ったのだけれど、その件に関しての返事はなく、「日本のどこに住んでいるの？」「家を持っているの？」「日本では、タバコはいくら？」などと盛んに訊いてくる。僕がフランスで見る秋田犬を珍しいと思うように、彼らも日本から来た僕に興味があるようなのだ。

「住んでいるのは東京です」
「わー、テクノロジーの都市だ」五人皆でザワザワする。
「家は持ってない。借りてる」
「買うと高いの?」
「東京は高いよぉ」
「タバコはいくら?」
「僕は吸わないからはっきりしたことはわからないけど、たぶん3ユーロくらいじゃないかな」
「安っ!」男子は揃って目を丸くする。
まずい。ペースを握られ、逆取材を受けてしまっている。僕は話を犬に戻した。
「このコ、ミクって言うんですか? 何歳? 男の子? 女の子?」飼い主の青年に尋ねる。
「そう。彼の名前はミク。5歳。男」青年はにこやかに応じてくれる。
「ちなみに、もしよければ飼い主であるあなたのお名前も教えてもらえませんか?」
「ミク」
「え? いや犬の名前じゃなくて、あなたの……」
「ミク」青年がニヤリとする。

僕は周りの皆に確認する。「彼の名前もミクっていうの?」
皆、笑いながら「そうそう」
青年は、犬と自分を交互に指差し、嬉しそうに「ミクミク」と言う。
「ミクミク?」
「そう、ミクミク」
これこれ大人をからかうもんじゃない。しかもこちら外人だぞ……と一時は思ったものの、こっちが勝手に取材をお願いしているんだった。もちろん彼らも名前を伏せたいことや、話したくないことだってあるだろう。それに、若者特有の軽い感じはあるものの、僕の拙い言葉を一生懸命聞いて、理解しようとしてくれている。接していても全く嫌な感じがしないのは、彼らが僕をからかっているわけではないからだ。
その後、話を聞いているうち、五人のうち飼い主青年を含む三人は、写真にあまり写りたがらないことがわかり、OKをくれた男女二人、アレクサンドレくんとサラさんがミクと一緒に写真に収まってくれた。

アレクサンドレくんが「センパイ」とか「ナカマ」など
と日本語を言い出したので、僕が驚いていると、彼は
日本マンガのタイトルを幾つか挙げ、それで覚えたと
言った。彼が挙げた作品のうち、「ドラゴンボール」や
「ワンピース」は知っていたけれど、その他は全くわか
らない。

再び、僕への質問が始まった。

「あなたはセンパイですか?」

「え?　……はい。まぁ」彼らからみれば随分年上だ
から、確かに僕は先輩に違いない。

「あなたにはナカマがいますか?」

「ん?　……は、はい……」面と向かってそんな質問
されたことが無い。ここで仲間って言われても誰を指
すのかわからないが、広い意味ではいるのかな。

そんな問いかけが幾つか続く。

「日本のレストランでは、ホボが働いていますか?」

へ?　保母?

意味が解らず聞き直す。「ホボ?」

「そう。ホボは働いているの?　レストランで、レベル
の高い……」

レストランで保母さんが働いているのは見たことが無
い。でも、メイドカフェもあるくらいだから、もしか
したら僕が知らないだけで、そういう趣向の飲食店
があるのかもしれない。きっと彼らは、日本のサブカ
ルチャーを紹介した番組か何かを見たのだろう。僕は、
高級なレストランで、お金持ちそうなおじさまたちを
前にオルガンを弾きながら、笑顔で"むすんでひらいて"
を歌う若い保母さんの姿を想像していた。

僕が怪訝そうな顔をしていたからだろう。ミクの飼い主青年がスマホに何かを入力し、僕に突き付けた。彼のスマホが喋りだす。抑揚のない一本調子の日本語だ。「アナタノクニデワレストランデタクサンノロボットガサイヨウサレテイマスカ?」(あなたの国では、レストランでたくさんのロボットが採用されていますか?)
「ロボット?　あ……ロボット!」合点がいった。「ホボ」と僕が聞き取っていたのは、あたりまえだが「保母」ではなかったのだ。「robot」と書いてフランス語はホボと読む。だいたい「保母」は日本語だ。僕のトンチンカンな間違いに呆れているわけではないだろうけれど、ミク、そんな目で僕を見ないでよ。
「ロボットがレストランで働いているのは見たことないなぁ……」。そういえばさっき、僕が東京に住んでいると答えたとき、テクノロジーの都市だと目をキラキラさせていた。彼らが目にした日本のカルチャーは、保母さんじゃなくロボットだったのだ。それにしてもスマホで翻訳できるって、スゴイな。彼らこそ、テクノロジーを使いこなしている。

「ところで、サッカー・ワールド・カップは見た？」と訊いてくる。その顔には皆どこか余裕がある。それもそのはずフランスは優勝国だ。（2018年の話です）
「フランスはスゴイね。おめでとう」
「日本の試合もちゃんと見たよ。ベルギー戦、残念だったね」
「もしかしたら勝つかも、って思った。だけど……」
「日本中が悲しんだでしょう」
おっと、また話題が秋田犬ミクからそれている。
「ミクはボールで遊んだりしないの？　サッカーみたいにさ」

「あまりしない。ミクはいつも物静か。一緒にいると、僕たちもリラックス。ミクの両親は日本生まれで、やっぱりおとなしかったみたい。ほら見てこの顔。僕たちにとって彼は"癒し"だよ」
頬っぺたを引っ張られてもウンともスンとも言わないミクの顔を見て、僕は笑ってしまった。
小さかったころのミクの写真や、ミクから抜けた大量の毛を部屋中に散りばめて、ミクが雲の上に佇んでいるみたいに見える写真を見せてもらったが、彼らが言うように、確かにこれは"癒し"だ。

あたりが少し暗くなってきたので、そろそろ皆さんと
もお別れだなぁと思っていると、彼らはゴソゴソ相談
を始めた。そして、ミクに近づこうと再チャレンジし
ている僕に向かって、アレクサンドレくんが言った。「セ
ンセイ、これから飲みに行かない?」
「センセイ!?」いつの間にかセンパイから格上げされ
ている。「僕は……センセイではないんだけど……でも、いいねぇ」
僕たちは、秋田犬ミクと一緒に城壁庭園横の通りを
進み、薄暮に浮かぶ街のシルエットを眺めながら、飲
食店が集まるガンベッタ広場へと向かった。

カフェバーのテーブルの下でおとなしくしている秋田犬ミク。
さっきまで僕はずっと彼に触れることができなかったのだけれど、ここで初めて彼を撫でることができた

Un Snapshot à Troyes

シャンパーニュ地方の古都「トロワ」

移動式の屋台やカフェなどをよく見かける。
昼間はそれが大きなトラックを使ったものだとすぐ
にわかるが、夜、柔らかな光に包まれると、そこは
まるで遊園地の一角。寒い季節は特に、街のムー
ドを盛り上げ、人々の心を温めてくれる。

6. Rochefort-en-Terre

ロシュフォール゠アン゠テール

Rochefort-en-Terre への行き方

ヴァンヌから、TER（地方急行）で、ケストンベール（およそ
15 分）またはマランサックまで行き（およそ 20 分）、そこか
らタクシーで 10 分。しかし各駅ともタクシーを見つけること
は難しい。そのため、タクシーで向かう場合はヴァンヌから
がベター（40 〜 50 分／約 40 km）。
レンタカーで訪れる場合、町が小さく駐車場が多くないため、
観光シーズンは注意が必要。

半島であるブルターニュでは、海沿いにヴァカンス客に人気の高い町や村が多い。しかしロシュフォール＝アン＝テールは、主要都市ヴァンヌから東へ 30 ㎞とやや内陸に位置するものの、中世の遺構が色濃く残ることもあって、海外からの観光客だけではなく、フランス人にも人気のある魅力的な村だ。
フランスのテレビ番組が実施している「フランス人が選ぶお気に入りの村」の 2016 年版で一位を獲得したこともあり、今では訪れる人が後を断たない。

2002 年の初夏に、一度この村を訪れたことがある。確かにその時はこれほど多くの観光客を見かけることはなかった。石造りの建物はシックで重厚、花や緑も程よく手入れされており、観光地と言うより、伝統を守る人たちが暮らす、ブルターニュの素朴な村といった印象だった。ところが再び訪れた 2018 年は、訪問客を喜ばせるためもあるのだろう、花や緑が増強（？）され、黒っぽい家々とのコントラストが眩しく「ザ・観光地」（フランスなので「ル・観光地」かな？）といった雰囲気になっていた。

8月に行われるイベント「Les Médiévales de Rochefort-en-Terre」では、人々が中世のいでたちで村を練り歩く

Paris

再びこの村を訪れた理由の一つに、ある人に会えないだろうかというのがあった。

16年前に訪問した際、鞴（ふいご）職人さんの工房を見せてもらった。働く人の姿を見るのが好きなことや、鞴というものを使ったこともなければ見たこともなかった僕は、やや興奮気味に写真を撮らせてもらったのだが、日本に戻ったあと、現像した写真をお送りすることもせず、ずっとそのままになっていた。

当時使用していたカメラはデジタルではなく、インターネットやメールも今ほど盛んではない頃のことだ。現在のようにメールでヒョイというわけにはいかなかったのだ。強く望んでいたわけではなかったが、せっかく近くへ行くのだ、村へ行って、もし彼に会うことができたら写真を渡そう。覚えてはいないだろうが、当時の懐かしい写真なら、多少は喜んでもらえるだろう。そんなことを考え、改めて現像した写真を数枚持って渡仏し、ブルターニュ訪問の際、村を訪ねた。

工房のあった場所へ行ってみると、昔のままの鞴の形をした看板が出ていた。しかし扉は締まっていて、窓からそっと覗くと、そこに工房は無く、何かのオフィスかモダンなリビングのようになっている。

どこかに移転したのだろうか。すぐ隣にある手作り籠などが売られている店で聞き込みをしようと考えたが、店主は観光客の対応で忙しそうだ。この通りは観光客で溢れている、少し静かな場所に行けば村のことを知る地元の人がいるかもしれない。僕はまず村を散策してみることにした。

メイン通りから脇道に目をやると、少し下った先に三角屋根の教会が見えた。のんびり佇む人影も見える。行ってみよう。僕は階段を降り、小路を進んだ。

右奥の階段の辺りから手前側を眺めると、
左ページの写真のように教会が見える

教会前の広場に、犬2匹を連れたムッシュがいた。
「かわいいワンちゃんたちですね」僕は声をかけた。
「はは、ありがとう」
名前を訊くと、「こっちのハスキーはネラ（2歳）、そし
てこっちのコッカーがニュッツ（8ヵ月）」お洒落でダン
ディなご主人はアランさんという。
「地元の方ですか？」
「いや、トゥレーヌから来た。ヴァカンスさ。このコた
ちと一緒にね」

「トゥレーヌ……？」
「ここから300キロほど東へ行ったところ。アンボワー
ズって町、知ってる？　レオナルド・ダ・ヴィンチが晩
年暮らしていた」
「あ、はい。何度か行ったことがあります」
「私の家はその町の近く」
地元の方ではなかったので、鞴工房についての話は
聞けなかったけれど、可愛らしい犬たちの写真を撮ら
せてもらえることになった。

彼女たちは2匹揃って、通りすがりの
人たちにこの表情を見せる

犬たちはカメラを向けても怖がりも嫌がりもせず、満面の笑みで対応してくれる。人が通れば笑顔を見せ、犬好きの人が吸い寄せられるように彼らを撫でに来る。
「ところで、ここで何をされているのですか?」僕はアランさんに訊いた。
「妻を待ってる。今、教会見学に行ってるところさ」
教会の中に犬は入れない。そのため犬を連れたカップルは交代で教会内部の見学に行く。一人が中に入り、一人は外で犬を連れて待っているといった具合だ。そんな人たちの姿をフランスではよく目にする。

伏せの状態でリラックスしていたネラとニュッツが急
に起き上がった。彼女たちの視線をたどるとマダムが
一人こちらへやって来る。どうやらアランさんの奥さ
んが戻ってきたようだ。僕は奥さんに挨拶をし、写真
を撮らせてもらっていることを話した。

僕が彼女たちのことを可愛い可愛いと盛んに言ってい
たからか、奥さんはスマホを取り出してある写真を見
せてくれた。

「これ、2年ちょっと前かな。うちに来たとき、こん
なだったのよ」ネラの小さいころの写真だ。

今のネラの姿と見比べる。

「ネラ、キミは赤ちゃんの時も可愛いかったし、それに
今は、ずいぶんキレイなお姉さんになったねぇ」

ニュッツの写真も見せてもらったのだけれど、撮影に
失敗してしまった。残念。

アランさんたちが村を出るというので、車の停めてある通りまで歩く姿を撮影させてもらった。

別れ際、二人と2匹それぞれと握手をして見送ったあと、広場の方に戻ってくると、ベンチに座って読書をしている初老のムッシュが目に留まった。小泉元首相のような髪型に、Tシャツ短パンのリラックスしたいでたち。しかし目を引いたのはその恰好からではない。紺色Tシャツの胸に大きく漢字で「夢」と書かれている。おそらく村の住人で日本好きに違いない。そうなれば話はしやすい。僕は早速声をかけてみることにした。

「読書中すみません」

「ん？　ボンジュール。何か？」

「地元の方ですか？」

「そうだよ」しばらく漢字の「夢」について語り合い、本題を切り出す。「以前、向こうの通りに鞣工房があったと思うのですが……」僕は写真を見せた。「この人をご存じないですか？　実は、16年前に撮った写真をお渡ししたくって」

「んん……知らないなぁ。ちょっと待ってて」ムッシュは近くのギャラリーから若い女性を連れてきた。ここで作品を販売しているアーティストのジェーナさん。

「私も知らないわ。あなた、今晩は村に泊まるの？よかったら今夜、一緒に友人たちに訊いてあげるけど」

「ごめんなさい。実は僕、今日中にレンヌに行かなければならないんです」

「わかった。じゃ写真を預かりましょう。知り合いにいろいろあたってみるから」ジェーナさんが言ってくれる。

「ありがとうございます」僕は二人に写真と名刺を渡し別れた。

日本に帰ってしばらくした後、ジェーナさんからメールが届いた。「あなたの写真、予定通り渡しました。出会えて本当に楽しかったわ！」

Un Snapshot à Orléans

ジャンヌ・ダルクゆかりの町「オルレアン」

ずっと雨の中を歩き回っていたものだから、レンズが
濡れてしまい、ボヤっとした写真になってしまった。
失敗したなぁ、と思いつつ、でも、しっとりした雰囲
気になったので、まぁそれも、いいか……。

7. Roscoff ロスコフ

Paris

Roscoff への行き方

レンヌから TGV（フランス高速鉄道）で、モルレへ行き（およそ1時間半）、バスに乗り換えて、更に40～50分。

フィニステール県北側の小さな半島の突端に、三方を海に囲まれたロスコフの町がある。フランス北西部の海の玄関口として、イギリスやアイルランドとの間でフェリー航路が設けられており、そのため街なかでよく英語を耳にする。

歴史をひもとけば、19世紀半ばの行商船のことが必ずと言ってよいほど紹介されている。名産品「赤玉ねぎ」をこの港から積み出し、イギリスへ渡って一軒一軒の家に売って歩いたというから逞しい。国鉄駅の近

くに博物館「ジョニーとロスコフ玉ねぎの家」があり、8月には「玉ねぎ祭り」も開催されるなど、この史実が今も町の大切な要素となっている。

また、ロスコフを語るとき、忘れてはいけないのが「タラソテラピー」だ。「海洋療法」とも呼ばれ、免疫力を高めたり、ストレスを解消したりと、今では日本でも健康増進に有効な療法として広く注目されている。ブルターニュはその「発祥の地」として知られているが、フランスで第1号施設が開設されたのが19世紀末の

ロスコフなのだ。

……とは言っても、健康のためだけにこの町を訪れる人など、おそらくいない。ゆったりと町を歩き、土地の人たちと触れ合い、真っ青な空の下、目の前に広がる海をただ眺める。それだけで、タラソ施設を訪れなくとも、心身はほぐれ、晴れやかに伸びやかになってゆく。ぐんぐんと……。

フェリーが発着するロスコフ港に立ち寄り、設置されている町の地図を眺めていた。町はずれの岬に、小さなチャペルがあるのを地図上で見つけ、「どんな建物だろう。中心街へ向かう前に、ちょっと寄ってみよう」そう考えた。

旅の途中、こんなふうに道草をしたくなることが、実はよくある。実際に行ってみると、パッとせず失敗することも往々にしてあるのだが、美しい景色が広がっていたり、面白いものを見つけたり、素敵な誰かと出会ったりと、期せずしてそういうこともある。

5分くらい車を走らせ、岬の手前にある駐車場に車を停めて、小高い場所にあるチャペルへと向かう。階段を上り、茂みの向こうを覗くように眺めた。

あぁ、ロスコフだ……。

景色の素晴らしさに、溜息が漏れる。

広く青い「空」と「海」。至高の「青」に挟まれた町と港が、そこにキラキラ輝いている。——この場所に来て、正解だった……。

チャペルの周りは岩場になっていて、景色を眺め過ごしている人たちが数組いる。若い女性のバックパッカー二人組。小さな男の子を連れた、それでも結構年配に見えるカップル。そしてもう一組、崖の突端に座っている「父と子」に、一瞬見えた「男性（ムッシュ）と犬」。

ムッシュは町や海を指差しながら犬に何かを語り聞かせている。雰囲気的には完全に、父親が息子にあれこれ指南しているといった風情だ。面白い、というより、とても微笑ましい光景だったので、僕は彼らの後ろ姿をしばらく眺めていた。

前方を眺めていた犬が急に振り返った。マダム（男性の奥さん）がやって来たのだ。言葉が宙に浮いてしまったムッシュは、後方にいた僕と目が合い、ちょっと照れ笑い。

僕はムッシュとマダムに犬との写真を撮らせてもらうことをお願いし、更に「さっきの、ムッシュと犬が一緒に海を眺めていたときの、あの雰囲気がとても好きです。仲良しの父親と息子さんみたいだったので……、可能なら、もう一度一緒に海を眺めてもらえませんか？」とポーズのリクエストまでしてみた。

「いいよ。でも彼女、メスだから娘だね」
「あぁ、ごめんなさい。えっと……」
「モーリー」
「ごめんねモーリー。お嬢さんだったんだね」
それがモーリーのご機嫌を損ねてしまった訳ではないと思うが、結局モーリーは僕が後ろでカメラを構えている間、海の方を向いてくれることはなかった。ムッシュは一生懸命演じてくれていたけれど……。

ローランダン夫妻はパリの東方にある町から来ていると言った。
「ランス辺りですか?」僕は知っている町の名前を挙げてみた。
「いや、ランスとパリのちょうど間くらい」とムッシュ。
「モーとか……」
「そうそう。その近く」
「モーと言えば……」
「チーズよねぇ」マダムが嬉しそうに反応する。「このコも大好きなのよ」
「え!? 犬がブリー・ド・モーみたいな柔らかいチーズを食べるんですか?(僕が初めて食べたのは大人になってだいぶ経ってからなのに……)」
「フランスの犬は、みんな食べるんじゃないかしら」
「えー、それは小さいときから?」僕は、高級チーズを無邪気に食べ散らかす仔犬の姿を想像した。
「子供のころはわからない。私たちがエス・ペー・アー(SPA)からモーリーを養子に迎えたのが6年前。その時、彼女はもう素敵な大人の犬だったわ」マダムはモーリーの顔を両手で包み込んで、やさしくグシュグ

シュッとやった。
「エス・ペー・アー?」
「動物の避難所よ」
フランスで犬の取材をしていると、「養子にした／アドプテ(adopté)」というワードをよく耳にする。そして確かに「エス・ペー・アー(SPA*)」の名前も。最初のうちは「里親募集に尽力されているボランティア団体」の一つなのだろうと勝手に想像していたのだが、あちこちで聞くので後に調べてみると、それはフランス最大の動物保護団体。その規模の大きさや、人々への浸透度の高さは随一とのことだ。

「君は日本のどこに住んでいるんだい?」ムッシュが白い歯を見せて訊いてくる。
「東京です」
「オリジンはどこ?」
オリジン? 故郷ってことかな……「イシカワ・デパルトモン(石川県)ですけど、知りませんよねぇ」日本人でもたまに知らない人がいるくらいだ。僕はどう説明すべきか迷った。
「知らないなぁ。キョウト(京都)の近く?」
ん……微妙。「近く、ではないですね」
「日本の北の方? 南? 西? 東?」
これまた微妙……。「北陸地方といって、日本の中心から見ると北西部にあたります。そう、ちょうどブルターニュみたいに」
「日本にブルターニュがあるのか!」声を弾ませるムッシュ。
「いや、そういう意味じゃないんですけど」苦笑いの僕。

「実は私の祖父がブルトン人（ブルターニュ人）なんだ。内陸にあるルデアックという町に暮らしていた。彼は仕事でパリに出ることになったが、私のオリジンはここブルターニュ。それで、こうして妻とモーリーを連れて時々来ている」

ブルターニュの人たちが、今でも強い帰属意識や誇りを抱いているとはよく聞く話だ。ムッスュが僕に「オリジンは……」と訊いてきたのも、このことを話したかったからかもしれない。現在の彼らの自宅から考えれば随分遠い地域になるが、それでも自分のルーツであるブルターニュが素晴らしいことを、家族である奥さんやモーリーに語って聞かせたいのだろう。僕が最初に

ムッスュたちを目にしたときの光景は、きっとその（犬だけに）ワンシーンだったのだ。

彼らと別れたあと、僕は中心街へ向かう道すがら、自分の故郷のことをぼんやり考えていた。日本の北陸地方は（微妙だけれど）列島の北西に位置し、半島があり、雨が多くて海もきれい。これは全てブルターニュの特徴と似ている。あとはクレープやガレットを何とか上手ぁく流行らすことができれば、"日本のブルターニュ「北陸」へようこそ！"なんて打ち出せるんじゃ……、余計なお世話か……。

＊SPA（Société Protectrice des Animaux）https://www.la-spa.fr/

ロスコフの漁港で

ロスコフの中心街は多くの人で賑わっている。犬を連れた人もたくさんいるものの、観光客が多いのだろう、皆さん買い物や観光でとても忙しそうだ。
土産物屋やレストランの並ぶ商店街を一通り眺め、突き当たりの教会を見学したところで、僕は漁港方面へと足を向けた。

広場でペタンクに興ずる老若男女がいる。広場の向こうは道を挟んで漁港になっている。その漁港の岸壁沿いを、毛並みのきれいなゴールデン・レトリバーが軽快に歩いてゆくのが見えた。少し遅れて短パン姿のムッシュがついてゆく。僕は彼らの姿も併せて、ロスコフの町の姿を楽しんでいた。

ムッシュとゴルコ（見知らぬゴールデン・レトリバーのことを、僕は愛情と親しみを込めてそう呼んでいます）は、そのままどこかへ行ってしまうのかと思っていたら、漁港の奥にある海面へと降りてゆく坂道のところで、ボール遊びを始めた。
ムッシュがボールを海に投げ、「アレ！（行け！）」と叫ぶ。
ここでゴルコがジャンプ一番、ジャッポーン！　と飛び込み、嬉々としてボールを取りにゆく……ものだと思って見ていたら、そのゴルコ、水に入ろうかどうしようか悩んでいる。そのうち「アレ！　アレ！」とたきつけるムッシュを振り返り、「そうですか。ま、そんなにおっしゃるなら……」といった感じで、そぉっと水に入ってゆく。
その様子は、まるで心臓になるべく負担を掛けないよう注意しながらプールや銭湯に浸かるオジサンみたい。
泳ぎはさすがに達者なものでスイスイ進んでボールをくわえ、帰って来てムッシュに渡す。うん、立派。ムッシュは受け取ったボールを再び海へポーン。「アレ！」。
ゴルコは坂の途中で行ったり来たりを数回繰り返したあと、再びそぉっと海へ。ちゃぽちゃぽっ……。
実はこの時点で、僕はもう近くまで彼らを見に来ていた。ゴルコの水への入り方が慎重すぎて全く犬っぽく無く、それが笑えて面白かったからだ。

CRAIGNEZ
LA DERNIERE

VI
V
IIII
III
II
I
XII
XI
X
IX
VIII
VII
VI

町はずれのチャペルの辺りから町を見渡した際、
ひときわ高く見えた建物がこの教会。
Église Notre-Dame-de-Croaz-Batz de Roscoff

ムッシュは地元の漁師さんで、アルフォンスさんといった。ゴルコの名前を伺うと「アイコ」と言う。
「アイコ？　それ、日本にもある名前です」
「ああ、そうなの?」ぶっきらぼうな感じでアルフォンスさんが答える。意図して付けたわけでは無かったようだ。
「愛子というのは、日本ではとても愛らしく美しい名前ですよ」
さっきから、落ち着いた様子で海に入ってゆくゴルコの姿を見ていたものだから、僕は彼女の名前を聞いて、何かこう、日本女性らしい（と書くと叱られるかもしれないが）楚々とした性格の犬なのだろうと、今さら勝手にイメージを作り上げた。さっきはオジサンっぽいとか言ってゴメンね。
「愛らしく美しい。悪くないねぇ」アルフォンスさんは満足そう。
そこへ海から上がったアイコが戻って来た。くわえて

きたボールをアルフォンスさんへ渡す。僕はアイコに触れさせてもらおうと手を伸ばし、腰を落として言った。「でも、彼女は泳ぎが上手いですね」
「そりゃそうさ。俺が漁師だから。だがな……コイツは男だ」。
そのとき、アイコが勢いよく全身をブルブルッとやった。
うあぁ……しょっぱい。目もやられた。
「ハッホー!」後ろから威勢のいい笑い声が聞こえる。誰かが僕たちの様子を見て喜んでいるのだ。近づいてきたのは、肩に真っ白のジャケットを担いだ白髪頭のムッシュだった。アルフォンスさんの友人のようだ。アルフォンスさんとアイコに「サリュ」と声をかけ握手をし、ついでに僕とも握手を交わして立ち去る。僕の手を握ったときにはウインクをしながらニヤリ、「やられたな」と。

アイコくんとアルフォンスさんのボール遊びはその後も続き、彼らはその後も幾人もの人に声をかけられていた。釣りから帰ってきた年配のムッシュや、散歩中のマダム。自転車で通りかかった若いお姉さんも、軽い感じで声をかけてゆく。アルフォンスさんもアイコも、とても顔が広いのだ。

「アレ！　アレ！」アルフォンスさんの声が響く。アイコはボールを拾いに行こうとするが、やはり水際で躊躇している。アルフォンスさんの顔色を何度か伺って、結局そぉっと水に浸かり泳ぎ始めるのだが、その様子を観光客が大笑いしながら眺めている。
僕は、もしかしたらアイコは、水が嫌いで海に入るのが面倒だと思っているんじゃないかと思い始めていた。もしそのことを彼に尋ねることができたとしたら、

「でも自分、漁師の飼い犬っすから、行けと言われれば行くしかないっす！」男気アイコはそんな返事をしてくれそう。

アイコがボールをくわえて戻ってきた何度目かのとき、僕はふと、さっきモーリーたちと話していたことを思い出し、尋ねてみた。「ところで、アイコはチーズを食べますか？　ブリーみたいな柔らかいタイプの……」
「ん？　食わんな。好きではない」
「彼が好きなものって何ですか？」
「食べ物じゃなくてもいいか？」
「はい。もちろん」
「そりゃぁ、海だ！　俺と一緒さ」
「海？」……ホントかなぁ。

L'Entrefilet

夏の日の夕方、エグ＝モルトの街なかで出会ったコ。
周りの犬たちが駆けずり回っているのに、さっきからずーっとこの場所で寝そべっている。
なので、ちょっとインタヴューしてみた。すると……、
「この窪みがね、このヒンヤリ感がね、やめられないんだよねぇ。どうだい、キミも一緒にやってみる?」
とでも言いたげにフガフガと答えてくれる。
い、いえ、僕は、遠慮しときます……。
Aigues-Mortes

口輪をした犬を連れている青年に出会った。学生
のレイランさん。訊けば、大学に通うため、つい
最近、愛犬と一緒にレンヌの町に引っ越してきた
のだと言う。

犬の名はレスク。1歳半の男の子。犬種はジャー
マン・シェパードとロットワイラーのミックス犬。
一見怖そうに見える。

「ある家族の家で彼が生まれてね。事情があり育
てられないということで、僕が引き取った」。真面
目な口調でレイランさんが語ってくれる。

「今、彼は僕にとって真珠のような宝物。まるで人
間のように一生懸命僕に話をしようとしてくれる、
その姿がとても愛しいんだ」

彼の話に小さな感動を覚えながらレスクを見ると、
また少し違った風に見える。レスクにとってもレイ
ランさんにとっても、とてもいい出会いだったんだ。
ペロンと舌を出すレスクを見ながら、もし可能なら、
口輪を外した姿も撮影させて欲しい……とお願い
してみた。

「もちろんいいよ。でも、外している間はレスクに
触らないで」まだまだ子供なので、人や他の犬と
じゃれる際、軽く噛んでいるつもりでも力が入り、
怪我をさせてしまうことがあるかも、ということら
しい。

「レスク。口輪を外すと更に男前だし、やさしい顔
してるね」

Rennes

コラム⑥　ブルターニュ地域圏の首府「レンヌ」の公園で　*L'Entrefilet*

8. Dol-de-Bretagne
ドル＝ド＝ブルターニュ

Paris

牡蠣で有名なカンカルの町をあとにして、ノルマンディー方面へと向かう途中、ドル＝ド＝ブルターニュという小さな町に立ち寄った。今夜泊まる予定の宿の周りに適当な店が無さそうなので、この町で夕食用のパンやチーズ、惣菜、水、ワインなどを買っておこうと考えたのだ。

カテドラル前の駐車場に車を停め、町の中心へと歩いてゆく。途中、ふと足を止め、振り返ると、茶色い石に囲まれた小路の向こうにカテドラルのキリッとした姿が見えた。先程、ちょうどこの反対側の正面から眺めたときには、のっぺりとした面白みのない建物だなぁと感じていたのに、この場所から見るカテドラルの後ろ姿は、周囲の静けさと温かみ、そしてこの地方独特の渋さが相まって、とても恰好よく見えた。黒い猫が1匹どこかからやってきて、遠慮なく車の上に飛び乗り昼寝を始めた。ああ、君もこの道が気に入っているのか。同感だね。人通りの無い石畳の小路を、僕はしばらく後ろ歩きのまま進んだ。

小路を抜けると町のメイン通りに出た。道の両側に、古く美しい木骨造りや石組みの建物がズラリと並んでいる。一見すると、日本の宿場町のような作りにも思えるが、実際の詳しい成り立ちはわからない。お昼時ということもあり、開いている店は少なく、歩いている人はまばら。それでも街に漂う雰囲気はとてもよい。

小さなブーランジュリーでバゲットを買い、街はずれの古い商店でご主人に薦められたワインと惣菜を求め、すぐ近くの綺麗なフロマジュリーでチーズを切ってもらい車へと戻った。荷物をトランクに入れ、車を出そうと運転席に座ったところで、広場の向こうの芝生の上に、もにょもにょと動く黒いものが見えた。周囲には人が三人いて、白髪の女性がその"もにょもにょ"を抱き上げた。——仔犬だ！

Dol-de-Bretagne への行き方

レンヌから TER（地方急行）で、30 〜 40 分。

僕は車を降り、彼らのもとへと向かった。仔犬は再び芝生の上に降ろされ、たどたどしく三人の間を歩いている。その姿を見ながら、笑顔を浮かべたり真剣な表情をしたりして、三人が話を繰り広げている。

僕はそっと声をかけた。「あの……仔犬の写真を撮らせていただきたいのですが……」

「いいわよ」白髪のマダムがやさしく応じてくれた。

「……で、もし可能なら、皆さんの写真も一緒にいいですか？　自然なままで結構ですので……」

三人は頷いて、立ち話の続きを始めた。

撮影をさせてもらいながら、僕は彼らの関係性について考えていた。三人の立ち位置、振る舞いなどから推測するに、白髪のマダムが仔犬の飼い主で、若い男女はおそらくご近所さんじゃないだろうか。仔犬があまりにも可愛いので、散歩の途中に思わず話し込んでしまった、といったところだろう。

僕はマダムに訊ねた。「このコは生れてどれくらいですか?」

「2ヵ月よ」

「とっても可愛いですねぇ」

「そうでしょ」マダムは抱き上げた仔犬をカメラに向けてくれる。

「何という名前ですか?」

「無いわ」

「えっ、無い? でも、あなたの……犬ですよね」

「そう。今まではね」

「今まで……?」

僕が黙ってしまったので、マダムは少し説明を加えてくれた。

「このコはね、これから彼女の家のコになるの」白髪のマダムは、僕の横にいる若い女性を目で示した。

僕が女性を見ると、彼女ははにかむように頷いた。

マダムが楽しそうに言葉を続ける。「うちにはね、このコのとても素敵な母犬がいるのよ」

そうだったのか──。2ヵ月前に生まれた仔犬を、今日、彼女がもらい受けに来たのだ。

まさに今、その「受け渡し」の会合? 儀式? 引継ぎ? んん……何て言ってよいかわからないが、僕は、1匹の仔犬の新たな犬生が始まる決定的瞬間に、たまたま居合わせたことになる。大袈裟かもしれないが、何だかちょっと感動的。

仔犬の犬種を伺ったところ、何とかレトリバーと言われ、うまく聞き取ることができなかった。
後で写真を見ながら調べてみると、おそらくこのコはフラット・コーテッド・レトリバーのようだ

白髪のマダムは、この町に住むトンギーさんといった。そして仔犬の新しい飼い主はアレクサンドラさん。彼女はサン＝マロから来たという。

僕は男性に声をかけた。「あなたはアレクサンドラさんのご主人ですか？」

「え？　違う違う！」男性が語気を強めて否定する。

それを見たマダム・トンギーが「私の息子よ。はは」と、彼を冷やかすように笑った。

「あーゴメンなさい……」ちょっと気まずい空気を作ってしまった。

でもすぐに、仔犬のポヨンとした表情が、僕たち皆を笑顔に引き戻す。

仔犬は三人に抱っこされ、三人に愛情を注がれ、吠えることも嫌がることも全くなく、幸せそうな顔で三人それぞれを見つめている。皆の様子を見ていて、僕はその後、かける言葉を見つけることができなかった。

小さな仔犬を抱くアレクサンドラさんは、大きな責任を感じているように見えた。仔犬に頬を寄せたときの表情には、深い愛情と共に、若干の不安が垣間見える。

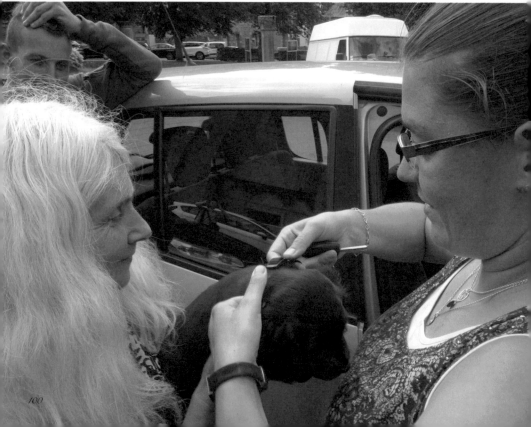

「じゃ、そろそろ行きます」アレクサンドラさんが、小さく微笑んで歩き出した。
トンギー母子も彼女に続く。
アレクサンドラさんの車の横で、彼女の用意してきた新しい首輪が仔犬に付けられた。

トンギー母子にとって、いよいよ仔犬との別れのときだ。
マダムは毅然としているが、意外にも息子の方が名残惜しそうに、いつまでも仔犬とキスを繰り返している。

仔犬が助手席の足元に敷かれた毛布の上に降ろされる。さぁ旅立ちだ。何だかこっちも感傷的になってくる。「元気で暮らすんだぞ。幸せにな。じゃぁよろしく……」三人の間でそんなやり取りがあったかどうかは分からないが、仔犬を乗せた車は、ゆっくりとドル＝ド＝ブルターニュの町を離れて行った。

大きく手を振って車を見送ったあと、ふと母犬にも会ってみたいなぁと考えた僕は「ところで……」と振り返った。しかし、そこにトンギー母子の姿は既に無い。
さすがフランス人、そこはあっさりしている。それとも僕は今、ずっと、夢でも見ていたのか……。そんな風にも感じてしまう、ほんの数分の出来事だった。

L'Entrefilet

コラム ⑦
ブルゴーニュの穀倉地帯にポツンとある中世の村で

ノワイエ=スュル=スラン村の小さなスーパーマーケットの前で、ずっと座っている穏やかな顔をしたシェパード。僕が話しかけると、ちゃんとこちらを向いてくれるが、決して動こうとはしない。

誰を待っているのだろう。ご主人はどんな人なんだろう。興味が湧いたので、僕も一緒に待ってみる。

しばらくして、優しそうな青年が現れた。青年は白い息を吐きながら、彼女の顔を何度か撫でて去って行った。彼女もゆらゆらと尻尾を振っていたものの、別段はしゃいだりはしない。

次にお婆さんが出てきた。今回も彼女は落ち着いている。お婆さんは、彼女に微笑みかけはしたものの、両手に荷物を持っているからか、彼女に触れることなく歩き去る。すると彼女が立ち上がった。お婆さんの後をトコトコとついてゆく。リードを引きずりながら、ゆっくりゆっくり。

お婆さんは時々振り返る。村の通りは静かで、二人（一人と1匹）の他に誰もいない。

Noyers-sur-Serein

モンタルジの街なかで出会ったケアン・テリアのアスカちゃん（2歳）。おじさまたちのアイドルだ。
このあと皆で車に乗り出発したものの、車は死角にあった路上のゴミ箱に、すぐさま衝突。
結構な高級車にもかかわらず、おじさまたちは気にせずバックして再発進。アスカちゃんだけが、ちょっと驚いた様子だった。

Montargis

コラム ⑧ 小さな城に見守られる小都市「モンタルジ」で　*L'Entrefilet*

9. Paris パリ

フランスには年間8千万人を超える観光客が訪れる。
その数世界一。なかでも首都パリは世界屈指の人気
都市。エッフェル塔や凱旋門、ルーヴル美術館やノー
トルダム寺院と「超」が付く有名どころが数々あり、
また、ファッションやアート、グルメ、ショッピングと、
誰もが夢を抱く「華の都」として認識されている。
そんなパリだが、もちろんそこには普通の人たちが普
通に日々を送っている。人々は犬を飼い、生活を共に
する。地方に比べ、人口が多いことからも、街を歩け
ば犬に当たるほど、犬口も多い。

前章までブルターニュの町々を巡ってきたが、ここで
一旦パリへ戻る。せっかくのパリだが、有名な観光ス
ポットなどについては、残念ながら紹介していない。
ふらり街を歩いていてその辺で出会うような、いわゆ
る市井の人々と犬たちを、これまでの章とは少し趣向
を変え、数多く順々に紹介してゆきたい。
華の都でもありながら普通の街でもあるパリの空気
を、そこに暮らす犬や人々の姿を通して感じていただ
けたら嬉しい。

On n' a qu' une seule vie.
Alors on fait quoi ?

国鉄モンパルナス駅の駅裏あたりを歩いていたとき、
フレンチブルドッグがひとりでトコトコ散歩しているの
を見かけた。とても愛嬌ある動きをするので、面白い
なぁと近寄って行くと、少し遅れてご主人がやって来
た。「ボンジュール」
「写真、いいですか?」
「もちろん！　でも、ちょっと待ってて」ご主人が、
ベンチのあるところに犬を連れてゆく。「ほら、こっち
においで」
ご主人の言うことを一生懸命に聴くリリちゃん（8歳）。
とても良いコなんだけど、ちょっぴりあわてんぼう。

un　まずは、ここに乗るのね。　ヨイショッと

deux　え？　カメラ？　どこ？

trois　どこどこ？

quatre　あ、こっちね。ワン！

3区にある工芸博物館の近くを歩いていると、通りの向こう側に、散歩姿の覚束ない彼らが見えた。

気ままに歩き回る仔犬に、翻弄され続ける飼い主さん。あっちへ行ったりこっちへ行ったりと振り回されたあげく、やっと家に辿り着く。

ご主人は家に入ろうとするが、仔犬は「まだ外にいたい!」と、うずくまったり、グッと踏ん張ったり。

ジャーマン・シェパードのノエくん。生後3ヵ月の男の子だ。

抵抗を続け、扉の前で粘っているうち、隣のカフェの店員さんや、近所のマダムが寄って来て、ひとしきり彼と遊んでゆく。

ノエくんはとっても満足そうだが、ご主人は困り顔。

ご主人が買い物をしている間など、店の中に入れない犬が、外で待っている姿をよく見る。
欠伸をしながらゆったりと待っているコもいれば、不安でしょうがないといったふうに、必死でご主人の姿を目で追っているコたちもいる。
どちらにしても、その姿は微笑ましく、出入りする買い物客や、たまたま通りかかった人たちの心を和ませてくれる。

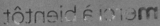

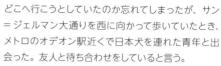

どこへ行こうとしていたのか忘れてしまったが、サン＝ジェルマン大通りを西に向かって歩いていたとき、メトロのオデオン駅近くで日本犬を連れた青年と出会った。友人と待ち合わせをしていると言う。

爽やかに応えてくれる彼の名はクレモンさん。犬の名前を訊くと"オトコ"と言う。

「え？　オトコ？」

驚く僕に彼はニヤリ。「そう。彼はオトコ」

「オトコって、日本語の？」

「そうだよ」

「意味は知ってる？」

「もちろん。ギャルソンって意味でしょ」

まぁ、そうだけど……、愛想苦笑いの僕。「オトコくんは何歳？」

「まだ6ヵ月さ」

「可愛いですね」

「ありがとう。僕は本当に大好きなんだ、オトコのことが」

オトコが好き……、日本語にすると変な感じになってしまうなぁ、などと考えていたら待ち人来たり、彼の友人がやって来た。ボンジュール！

オトコくんは散歩が大好き。クレモンさんの友人との初対面の挨拶を終えると、飛び出すように歩き出した。

その後、僕が撮影を続けていたからか、通りすがりの少年が寄って来て、「僕も撮っていい？」と撮影を依頼。オトコくんもしっかりカメラ目線で応えます。

オトコのことが大好きというクレモ
ンさんが見せてくれたのは、オト
コくんのコスプレ写真

113

お昼時、国立近代美術館など
が入っているポンピドゥー・セン
ターの近くを歩いていた。
そろそろ軽くランチでもしよう
かなぁなどと考えていると、間
口の狭いDVDショップの奥
に、優しい顔をした犬が寝そ
べっているのが見えた。DVD
に興味はなかったけれど、純
朴そうな犬の黒い瞳につられ、
店に入る。

DVD ショップを経営するロランさん。愛犬は秋田犬のゲイシャちゃん（6歳・メス）だ。
「ゲイシャ?」聞き直す僕に、「そう、ゲイシャ」と、ロランさんはニヤリ。「俺はゲイシャを愛している」と何度も力強く言う。
なんだかこのくだり、オトコくん（112、113ページ）に出会ったときと似ているなぁ……。

ゲイシャちゃんは、いつもロランさんと一緒に店番をしているのだが、ロランさんが携帯電話を持って店の外に出ると、ゆっくり起き上がってついてゆく。電話中は寄り添って傍で待ち、ロランさんが店に戻ると、やはりゆっくり戻ってくる。その行動がなんともいじらしい。

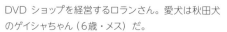

蚤の市会場で見かけた、愛嬌たっぷりの黒ラブコ（黒いラブラドール・レトリバーのことです）。優しそうなお客さんを見つけては寄って行き、撫でられている。

あちこちでマダムやムッシュに可愛がられているので、しばらくは飼い主さんがどなたかわからなかったが、ようやくこの白い帽子の女性がご主人だと判明する。「彼の名前はモンティー。6歳の男の子。人が大好きで、誰にでもついていっちゃう。おとなしくて、とってものんびりしたコなの」彼女が言う。

僕にいい写真を撮らせようと、彼女がモンティーにお手を要求。
一度目はうまくできたのに、もう一度お願いすると今度は大あくび。
逆にいい写真いただきました。

ジャック・ラッセル・テリアのジャックくん（1歳半）はとてもヤンチャだ。しばらくお店を離れていたご主人が戻ってくるなり、「どこに行ってたんだ」とばかりに怒り出す。
ご主人がなだめすかすと、今度は遊んで欲しいと猛アタック。ワンワン吠えて膝に飛び乗り、くるりと体勢を変えて今度は僕に吠え出した。
やれやれ……。

シャトレ座の裏通り。カフェのテーブル下で寝そべって
いたラブコ（ラブラドール・レトリバーのことです）が、
ある人の顔を見るなり立ち上がって寄って行った。
そのマダムの前で、当たり前でしょと言わんばかりに
ゴロンと寝転がる。
仕方ないわねぇ……、といった雰囲気のマダム。屈ん
でラブコの身体を優しくさすりはじめる。

彼女の幸せそうな顔
周りの人が　笑っている
僕も　笑っている
その顔が
どんどん　どんどん
広がってゆく

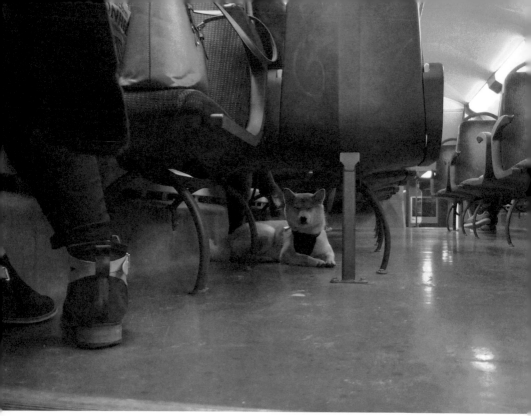

友人がヴェルサイユの近くの町に住んでいる。と言っ
ても貴族とかそういうのではなく普通の方々だが、彼
らの家に遊びに行った帰り、パリへ戻る夜の電車に
乗った。

発車ギリギリに飛び乗り、息を切らせながら、二階の
客席に上がろうと目をやると、車両の中ほどの座席下
に1匹の柴コが見えた。

紺色の前掛けが日本ぽくてイイ。しかも、夜11時過
ぎということもあって、ちょっとウトウト。懸命に睡魔
と闘っている様子が、これまた可愛らしい。

飼い主の女性と話してみると、「まだ11ヵ月のベベシ
バ（Bébé Shiba／赤ちゃん柴犬）よ。名前はミシコ。
女の子」と言う。

「ん？　ミシコ？」

もしかしたら、日本女性の典型的な名前を探し、見つけた名前が「ミチコ（Michiko）」だったのかもしれない。フランス語読みをすると「ミシコ」になる。

そのことを彼女に伝えようか迷っていると、彼女が「ミーシャ。ミーシャ」とベベシバを呼ぶ。

その愛称が可愛らしくとてもしっくりくるので、まぁ、そのままでいいか……。

ところで、治安のことを考えると、夜遅くに電車に乗るのはあまり好ましいことではない。女性はミシコをボディーガードとして連れているらしいのだが、護衛役にしてはちょっと可愛らし過ぎないだろうか。んー、この感じだと、頼りになるボディーガードになるためには、もうちょっと時間がかかりそうだなぁ。

モコモココートの女性とミシコはパリ手前の途中駅で降りていった。

ミシコ、しっかり！

パリと言えば、エッフェル塔や凱旋門、シャンゼリゼ通りなど、華やかな建造物や通り、場所がよく知られていて人気がある。一方で僕は、ちょっぴり猥雑な街並みにも、面白さを感じている。
例えばこの通り。ところどころ落書きで汚れているけれど、街灯の柔らかな光に、街がしっとり浮かび上がり美しい。散歩中の犬たちだって、シネマに出てくる役者さんのように絵になってしまう。
「キメる」ところと、笑ってしまう「ユルさ」。「シックでお洒落」と「ごっちゃごちゃ」。そんなギャップが入り混じる華の都。色々な人と犬たちが様々なスタイルで暮らしている。
恰好いい。そして、おおらかで愛らしい。それがパリの大きな魅力なんじゃないかなぁ。

ピンク色に染まった夕焼け空を追いかけていたら、セーヌ河岸に出たところで、家族と一緒に散歩するブルドッグと出会った。
ラスカルくん（2歳）。
今は車の通らないこの道を散歩するのが好きなようで、グイグイ、フガフガ、みんなを引っ張ってゆく。

Une Petite Pause ちょっと一休み

僕の撮影スタイル

僕が初めて一眼レフ(フィルム)カメラを手にしたのは20代半ば。イケてる写真を撮りたいと試行錯誤を重ねているうち、交換レンズ数本、三脚、レリーズ、フィルター各種、ストロボ、メンテナンス用品、補助用カメラと、持ち運ぶ器材が次第に増えていった。それらを駆使し撮影することは楽しかったが、器材に加え、当時はフィルムも多めに持ち歩かねばならず、肩に担ぐカメラ・バッグはいつの間にか、大きなリュックサックになっていた。

ヨーロッパに行き出したころ、それらを全て持って旅をしていた。大型カメラを握りしめ、ずっしり重いリュックを担いで歩き回る。ふと気づくと日に日に疲労が増し、頭で思い巡らすほど行動範囲を広げられ

ない。そんな旅が何年も続いた。

やがて、フットワークを軽くするため、手持ちカメラを、小さ過ぎず掌にフィットするくらいの大きさの、デジタル・コンパクト・カメラに替えた。フィルムはもういらない。そして器材は全て無くした。こうして僕の撮影スタイルは今の形になった。

「いいな」「面白いな」「みんなにも見てもらいたいな」と思う光景に少しでも出会えるよう、身を軽くして動き回る。旅先では好奇心がぐんぐん湧いてきて、疲れより楽しさが膨らみ、行動時間や範囲も広がってゆく。するとそのうち、たまたま「いい瞬間」に出会う。この写真集には、そうしてたまたま出会った犬や飼い主さんたちとの、楽しく愉快な時間が収められている。

犬と飼い主さんへの撮影依頼方法

犬と飼い主さんの写真を撮るにあたって、コツというわけではないが、どういう風に撮影をお願いするか。これには大きく分けて2パターンある。

僕はどちらかと言うと人見知りタイプ。そのうえ犬好きなので、まず犬と仲よくなろうと試みる。ゆるく握った拳を犬の鼻先へそっと寄せ、優しく「Bonjour!」。かける言葉は人の場合と同じだ。犬と仲良くなってしまえば話は早い。飼い主さんは笑顔でやってくる。挨拶をし、犬の名前を訊き、年齢や性別を訊く。「とても可愛いですね〜」は必ず言う(笑)。すると話は弾む。弾み過ぎてフランス語がわからなくなってきたところで、「写真、いいですか?」と。

ところが犬が全く振り向いてくれない場合もある。

こっちが体勢を低くして満面の笑みで近づいても知らんぷり。でも可愛らしいし美しい。写真は撮りたい。この場合は思い切って飼い主さんへ話しかける。挨拶を交わしたあと、まずはやはり「あなたの犬、とても可愛いですね〜。美しいですね〜」だ。ここで嬉しそうに話し出してくれたら、その後は順調にいく。先ほどと同じように簡単な質問から始めて写真をお願いする。実際、気さくな方が多いので、たいていの場合、喜んで受け入れてくれる。

だが、ここで、飼い主さんからあまり乗り気でない雰囲気が漂ってきたら、すぐに引き下がる。その方たちの時間と空間にお邪魔するわけだから、できるだけご迷惑にならないようにするのが肝要だ。

日常から離れて見えてくるもの

自分の目で日常を切り取り、味のある写真に仕上げるのは楽しく素敵なこと。一方で日常を離れ、カメラを持って旅に出るのも楽しい。日常から離れると、その場では当たり前のモノが、旅人の目には珍しいモノとして飛び込んでくる。日本の街なかで、外国人の方が「路上の自動販売機」の写真を盛んに撮っている。私たちからすれば何でそんなもの写真に撮るの?と思ってしまうが、彼らにはそれがとても珍しいのだ。

その逆の現象が海外へ行くと起こる。ウロウロ歩き回っていると、美しいもの、珍しいもの、面白いもの、様々なものが目につく。どれも写真に残したくなるが、今回は犬の本。色々な町で目に飛び込んできた、日本ではあまり見かけない、犬に関する看板や標識などを幾つか紹介する。それぞれ何を表し、伝えているか、想像してみていただきたい。

たまたま
見かけた
ほのぼのとした
光景

左）散歩の途中、ご主人が誰かと話し込んでしまった。しかも、うんざりするほどの長話。
　　しびれを切らし、"先に進もうと頑張ってみるが、何度もグイッと引き戻され、ついには困り顔で僕に訴えてくる彼。
右）レストランの入り口扉の前に居座り、食事中のご主人をずっと待っている。
　　ここにいてはお客さんの邪魔になってしまうが、皆、笑顔で彼女を避け、時には頭を撫でたりしながら出入りしている。

まず、犬と仲良くなって、その後、撮影　　　　　　　　　　　犬はつれなかったけれど、飼い主さんが気さくで

Paris

★

Auxerre への行き方

パリ、ベルシー駅から、TER (地方急行) で、1 時間 40 分～2 時間。

Chablis への行き方

オーセールからタクシーで、およそ 20 分 (約 20 km)。

ブルゴーニュという名前はワイン好きに限らず多くの人に知られている、ボルドーと並ぶフランスワインの一大産地。パリから車でそのブルゴーニュ地方へ向かうと、玄関口となるヨンヌ県の県庁所在地がオーセールだ。ブルゴーニュの町としてディジョンやボーヌほど有名ではないが、落ち着いた街並みが魅力の美しい都市。ヨンヌ川沿いの散歩道や、旧市街の中心に

10. Auxerre et Chablis

オーセールとシャブリ

建つ時計塔、ステンドグラスが美しいサン＝テティエ
ンヌ大聖堂など、見どころは少なくない。
また、オーセールから車で20分ほど東へ行ったとこ
ろに、小さな村シャブリがある。辛口白ワインの生産
地として有名で、大手ワイナリーから夫婦二人でやっ
ているような小さなワイナリーまで、それぞれが独自
のスタイルを取り入れ共存し、世界中から訪れるワイ

ン通を受け入れている。
この町と村でも、前章のパリ同様、たくさんの犬、そ
して飼い主さんたちとの出会いを紹介したい。
彼らが暮らす地、ブルゴーニュの穏やかな空気を感じ
ながら、散策しているような気分を味わっていただけ
たら嬉しい。

駐車場に車を停め、橋を渡って川沿いを散策していると、柴犬を連れたご夫婦に出会った。

「写真を撮らせていただけませんか?」と訊くと、頷いたマダムが「キキ、おいで」と優しく犬を呼ぶ。

「キキって、このコの名前ですか?」更に尋ねると、キキというのは愛称で、正式な名前は日本語の『キツネ』だと言う。

「え、キツネ?」

「そう。彼ってルナール(Renard /キツネ)に似ているでしょ。で、日本の犬だから名前をキツネにしたの」

――キツネという名の柴犬。……いつのころからかフランスでもよく柴犬を見るようになった。柴犬好きの僕としては嬉しいことなのだが、彼らが「ミシェル」や「アヴァンナ」などと、オシャレな名前で呼ばれているのを聞き、ニヤニヤしてしまうことが多かった。それにしても、「キツネ」というのもユニークな……(苦笑)。

その後、少しのあいだ散歩に同行させてもらったのだが、ご主人を引っ張りながら、突如、葦の茂みにガサゴソ突っ込んでゆく姿が可笑しくて、何度も笑ってしまった。

旧市街の中心に建つ有名な時計塔を見学しよ
うと緩やかな坂を上っていった。
入り組んだ路地をウロウロしながら時計塔の
下をくぐり、旧市街のはずれ辺りまで来たと
ころで、少し離れたところにあるスーパーマー
ケットの前に、犬を連れた少年のいるのが見
えた。通りすがりの人たちが少年に声をかけ、
犬の頭や身体を撫でてゆく。いい雰囲気だ。
僕も行ってみることにした。

少年の名はジュールくんといった。
「ジュ……?」聞きそびれた僕が聞き返すと「ジュール・ヴェルヌ」のジュールだという。ジュール・ヴェルヌと言えば僕でも知っている、子供のころに読んだふりをした『海底2万マイル』の原作者だ。
愛犬の名前はイーチちゃん。こちらも日本人には聞き慣れぬネーミングに何度も聞き直してしまう。4歳の女のコだ。買い物のためにスーパーへ入っていった両親を、二人（一人と1匹）で待っているとのこと。
少し恥ずかしそうに話すジュールくんも優しい少年だが、イーチちゃんもとても愛らしく人気者。先ほどのムッシュもそうだが、通りすがりの人たちや散歩中の犬たちも盛んに寄って来ては、彼らとの交流を楽しんでゆく。

ジュールくんたちとサヨナラをして、坂を下り、サン＝テティエンヌ大聖堂へと向かう。
聖堂内部を見学しながら、何かいつもと違うなぁ……と、ちょっとした違和感を覚えつつステンドグラスなどを眺めていた。
しばらくしてその原因に気づき、声を上げて笑いそうになった。
教会内にいるはずのない犬が目の前にいて微動だにせず、クリクリの目で僕を見つめていたのだ。
グラティスちゃん（6歳）。
「彼女はいつもおとなしいから」と、飼い主さん。
仕事で街や建物内のガイドをしている間、リュックの中で静かに収まってくれていて、とても助かっているようなのだ。

大聖堂の見学を終え、再び川沿いの遊歩道に戻ってきた。駐車場へ戻るため少し上流に架かる歩行者専用の橋を目指すと、橋の上に人影と犬影が見えた。その橋を渡り駐車場へと戻ることになるので、ついでというわけではないが行ってみることにした。

橋の真ん中あたりまで行き、様子をうかがうと、黒い犬を連れたムッシュが観光客の男性に何か夢中で話しかけられ、困っているようだった。
ちょっと可哀そうに思った僕は、大きなリュックを担ぎ大型カメラを携え、どう見ても通りすがりの観光客と思しきムッシュの方に声をかけた。と言うより、正確には独り言のようにカメラを掲げ、「ここからの眺めは最高だなぁ」と……。
すると、観光客のムッシュは気持ちいいくらいにのってきた。「あぁ、その通りだ。完璧だ」。
すかさず僕は犬を連れたムッシュに話しかける。
「あなたと犬の写真を撮らせてほしいのですが」。頷くムッシュ。
僕が盛んに彼らの写真を撮り始めると、話が途切れたために手持無沙汰になった観光客のムッシュは周辺景色の撮影を始め、しばらくして「じゃあ」と笑顔で街の方へと歩いて行った。
悪い人じゃないんだ。話が好きなんだろう。そして景色の美しさや、犬を散歩させていた地元のムッシュと出会え、とてもいい気分になったのに違いない。

ご主人が観光客のムッシュに捕まっているあいだ、お
となしく待っていた犬が散歩の再開……となった途端
ご主人に飛びついた。とてもとても嬉しそうだ。名前
はルナちゃんという。ずっと気持ちを抑えて待ってい
たんだ。偉かったね。
解放された彼らは、その後、何事もなかったように、
ゆっくりと街へ帰っていった。

シャブリの村ではマルシェが開かれていた。昼過ぎに到着したため、お店によってはもう片付け作業を始めている。
そんな中、最初に出会ったのが、オオカミのような見た目のムーンちゃんだ。大きくて勇ましい顔つきだけれど、まだ1歳の女の子だという。
若さゆえいろいろなものに興味を示すようで、散歩中、何かを見つけては勢いよく飛びかかって行き、ご主人はあちこち引っ張られ、「まったく。真っ直ぐに歩けないわ」と苦笑い。

ここは店仕舞い途中の八百屋さん。
「ほら、写真撮ってくれるってさ。ここに顔を出しなさい」ご主人の指示に、間違えて台の上に乗ってしまった看板犬のイヤナちゃん。
「違う違う、そうじゃない」とご主人に言われ、すごすごと台から降ります。(笑)

自分の身体の何倍もある大きなムーンちゃんに、果敢に飛びかかる小さなコ。
2匹は相性がいいようで、飼い主さんたちは、絡まるリードを何度も解きながら、しばらく遊ばせていた。

「そうそう、はい顔を出して。そう。ほら、カメラはそっちだよ」
気を取り直して、はいポーズ。
お忙しいところ、ありがとうございました。

マルシェが終わり店仕舞いのあと、仲間が集まり、地元の白ワイン「シャブリ」で一杯。
「せっかくだからキミも飲む?」と見知らぬムッシュが僕に言う。
「え? あ、ありがとうございます。でも、このあとも運転がありますので……」
「あ、そう。そりゃ残念」

お店の看板犬、ベルジェ・オーストラリアン(オーストラリアン・シェパード)のムグリーくん(1歳半)は、取材を続ける僕を尻目に、皆の輪の中に入りたそうに辺りをウロウロ。

「ムグリー。おいで！」
ご主人に呼ばれ、やっと輪の中に入ることができた彼は、ワインは飲めないけれど、とても嬉しそう。

僕がムグリーくんの写真を撮ったり話を聞いたりしていると、さっき僕にワインを勧めてくれたムッシュがちょっぴり赤い顔をしてやってきた。
「うちのブルドッグ・フランセーズ（フレンチ・ブルドッグ）も可愛いから見てくれない？」そう言ってスマホを取り出し、愛犬の写真を見せてくれた。

ある日の夕方、モネが描いたことで知られるルーアン大聖堂の前で2匹の秋田犬に出会った。あいにく小雨が降っていたので、少しだけ写真を撮らせてもらい、すぐに別れた。

翌日、秋田犬たちの愛らしい顔を思い出していると、通りの向こうに偶然、彼らの姿を見かけた。昨日と同じ、2匹がリードで連結された、微笑ましい散歩姿。思わず追いかけた。

名前はニチカ（オス、9ヵ月）とフジ（メス、もうすぐ2歳）。ご主人はピエールさんという。
目抜き通りの真ん中で、愛情たっぷりのやり取りを見せてくれていたが、時々制御不能に。
おやつにつられて行儀よくしていると思ったら、ピエールさんの隙をついて、フジが突如カメラに向かって突進してきた。あらら……。

Rouen

シャルトルのホテルで出会った、シュタイナーさん
とパコくん（11歳）。ドイツから旅行で訪れてい
るという。
チェックアウトの際、ご主人が手続きをしている間、
パコくんは後ろでじっと待っている。
ここではおとなしくしていなさいと言われているの
か、周囲を歩き回る子供たちにも惑わされず落ち
着いていて、とても旅慣れた感じだ。
荷物を持った奥さんがやってきた。フロントでの手
続きが終わる。するとパコくんはシュタイナーさん
の様子を伺い見る。何か言葉を待っているみたい
だ。
「よし、じゃ、出発」スタイナーさんの掛け声で、
パコくんはホテルを飛び出していった。

Chartres

コラム ⑩
青いステンドグラスの大聖堂で有名な「シャルトル」のホテルで

L'Entrefilet

Paris

Fécamp への行き方

パリ、サン=ラザール駅から、TER（地方
急行）で、ブレオテ=ブーズヴィルへ行き（お
よそ2時間）、乗り換えてフェカンへ（およ
そ20分）。ブレオテ=ブーズヴィルからフェ
カン行きのバスもある（およそ30分）。

Dieppe への行き方

パリ、サン=ラザール駅から、TER（地方
急行）で、ルーアンへ行き（およそ1時
間20分）、乗り換えてディエップへ（およ
そ45分）。

11. Fécamp et Dieppe
フェカンとディエップ

イギリス海峡を望むノルマンディー地方。その東側半分は、かつてオート（高い）＝ノルマンディーと呼ばれた地域で、海岸線に沿って海抜100メートルほどの断崖が続いている。象の鼻の形でよく知られるエトルタのアヴァル断崖は、多くの画家に描かれるなど特に有名で、その美しいビジュアルは誰もが一度は目にしたことがあるに違いない。これら白亜の断崖は果てしなく見えるほど雄大だが、河川による浸食で沿岸の所々に低くなった土地が見られる。歴史的に見ればおそらくそこに港ができ、人が集まり、フェカンやディエップなどの町が発展していったのだろう。

レンガ造りのイギリス風の建物の目立つ、どちらも風光明媚で静かな港町だが、ヴァカンス時期にはパリなどから多くの人たちが海を目指してやってきて、リゾートの町として大変賑わうようだ。

「ベネディクティン」という名のフランスを代表するリキュールがある。
400 年前、不老不死の薬としてフェカンの修道院で製造が始まり、一
度、レシピが失われてしまったが、19 世紀になってここパレ・ベネディ
クティーヌ（Palais Bénédictine）で復元されたという（左頁の建物）。
朝、門が開く前、荘厳華麗な建物の前で、颯爽と散歩する二人（一人
と1匹）に出会った。
ゴリアトゥくん（6歳）と、ご主人のウトゥルボンさん。
風になびくゴリアトゥくんの毛並みがとても美しいので、見惚れながら
感想を伝えると、嬉しそうにしながらも「でも、手入れが結構大変なん
だよ」とのこと。
アイルランド原産のアイリッシュ・セッターという犬種で、とても賢く
社交的なのだそう。
握手（お手を）するその姿も、キマってる！

ゴリアトゥくんたちと別れて港へ向かう。
岸壁に出たところで大きな黒い犬と出会った。
まるで熊のようだ。体重で言えば、おそらく
僕の二倍はある。口からよだれが垂れていて、
いきなりガブっとやられそう……。
飼い主さんは、大丈夫だというのだけれど、
僕は怖くて触れられない。これまで犬好きで
通してきたのに、こんなこともあるんだ。ちょっ
とショックだった。

大きな黒い犬を見送ると、向こうから小さ
な柴犬を連れた人たちが歩いてきた。
ホッとする僕。声をかけてみる。
笑顔が素敵なアクちゃん。1歳半の女の子
だ。カメラを向けてもソッポを向かれたり、
動き回ったりして、撮ることの難しい犬が多
い中、まるで記念撮影でもするときのよう
に、彼女はとても行儀がよく、キチンとした
姿勢で写真に納まってくれる。
飼い主のヴェルドゥレさんによると、特別に
何かを教えたわけではないとのこと。でも、
こんな風におとなしい彼女も、鳥を追いか
けるのが大好きなようで、その時だけは大
騒ぎになるんだよ、と。

犬を抱いたマダムがやって来た。
マダム・コレット。一緒にいるのは
ヨークシャー・テリアのフロリアン
ちゃん（6歳）だ。
最初は普通に犬の散歩をしていた
らしいのだが、「このコはとても甘
え上手。だから私は何でも言うこ
とを聞いてしまうの」と、フロリ
アンちゃんの要求に応え、マダム
はしょっちゅう彼女を抱き上げて
歩く。

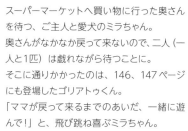

スーパーマーケットへ買い物に行った奥さん
を待つ、ご主人と愛犬のミラちゃん。
奥さんがなかなか戻って来ないので、二人（一
人と1匹）は戯れながら待つことに。
そこに通りかかったのは、146、147ページ
にも登場したゴリアトゥくん。
「ママが戻って来るまでのあいだ、一緒に遊
んで！」と、飛び跳ね喜ぶミラちゃん。

フェカンからディエップへ向かう途中に立ち寄った村、ヴール゠レ゠ローズ (Veules-les-Roses) の浜辺。
海岸線に、石灰岩の断崖絶壁がずっと続いているのが分かる。

フェカンから、ディエップへと移動してきた。
どちらもヴァカンス・シーズンに海を目指して来る人たちが多いリゾートの町ということもあり、冬場は閑散として
いて、ちょっと淋しい。

ほとんど人通りがないけれど、ここはディエップのれっきとした
目抜き通り。
淋しい雰囲気だなぁ、でも冬だから仕方ないよなぁ。そんなこ
とを考えながら歩いていると、クリスマス・ソングを明るい調子
で口ずさみ、犬と散歩をしているマダムに出会った。
名前などは伺えなかったが、「いい写真を撮ってね」と愛犬をベ
ンチの上へ誘導してくれる。
Merci！

「あれ？ あなた、さっき海岸にいなかった?」 そう、声をかけられた。
彼らは、先ほどまで、海辺で取材をしていた僕を見かけていたらしい。
ヴァカンスの時期でもないのに、カメラを持ってウロチョロ走り回るよそ者の僕が珍しかったようだ。

ディエップの町にはレンガ造りのシックな建物が並ぶ。
緯度が高いフランスの中でも北方にあるノルマンディーの冬は更に夜が長い。
辺りはまだ真っ暗だが、これでも朝の7時過ぎ。清掃車が行き交う。

L'Entrefilet

シャンパーニュの生産で有名なエペ
ルネの街のカフェ。座った席の隣の
テーブルの下に不安げに立ちすく
む犬がいた。
「向こう（カフェの奥の席）にいる
犬のことが苦手なのよね……」マ
ダムが彼を抱き上げると、その腕
の中で、みるみる安心した顔つき
になってゆくマリューズくん。
もうすぐ2歳になる男の子。勇まし
い名前のわりに、とても甘えん坊
なのでした。

Épernay

ランス大聖堂の前で犬を連れて佇むマダムに出会った。聖堂内へ見学に行ったご主人を待っているという。

連れているのはモーリーちゃん（12歳）。シェパードとゴールデンのミックス犬だ。

僕が近づくと、目を合わせずに固まり、少し震えている。でも、その横顔はとても美しい。

飼い主のマダム・クスォドー曰く、「彼女はとても優しくておとなしい、そしてチャーミング。でも、人が大勢いる場所や、知らない人を怖がるの」

聞けば、彼女は数年前まで、動物保護施設で暮らしていたのだと言う。

しばらくしてムッシュ・クスォドーが戻ってくると、顔つきが変わり、僕に見せていた雰囲気とは明らかに違う。安心した様子でとても嬉しそうなのだ。

モーリー、優しいご夫妻の間で、今は幸せに暮らしているんだ。よかったね。

Reims

コラム ⑫
シャンパーニュ産地の中心「ランス」の大聖堂前で

L'Entrefilet

アミアン大聖堂の北側に広がる「サン゠ルー地区」。整備された運河とレンガ造りの家並みが美しい

12. *Amiens* アミアン

Paris

Amiens への行き方

パリ、北駅から、TER（地方急行）で、
1 時間 10 分〜1 時間 20 分。

パリを中心とした地域圏「イル=ド=フランス」の北に、かつて
「ピカルディ」という地域圏があった。その首府は「アミアン」と、
かねてより地域圏名と共に認識していたのだが、ある時、ピカ
ルディ地域圏の名が無くなっていることを知った。

2005-06 年ころを中心に、日本でも「平成の大合併」という
のがあったが、フランスでは地方制度改革によって地域圏の合
併が行われ、ピカルディ地域圏は更に北にあったノール=パ・ド・
カレー地域圏と統合、2016 年にオー=ド=フランス地域圏と
なった。

合併後、地域圏の首府はベルギーに程近い大都市リールに譲
ることになったが、ゴシック様式の聖堂としてフランス一の高
さを誇り、世界遺産でもあるノートルダム大聖堂を持つアミア
ンは、フランス北部の観光拠点として、変わらず、国内外から
多くの訪問客を受け入れている。

アミアンには運河の整備された「小さなヴェネツィア」と称される地区があり、町の中心部からわずか 10 分ほど歩いた辺りに自然豊かな広い公園もある。

気持ちよく過ごせる環境が整っているからだろう、朝、風光明媚な公園を歩いていると、散歩中の犬や、自由に駆け回っている犬たちと数多く出会う。

フリスビーが飛んできた。それをめがけて1匹の
犬が勢いよく走ってくる。
フリスビーが地上に落ちる。
犬はフリスビーが地面に落ちる前にそれをキャッ
チしたかったようだが間に合わなかった。すぐに
それをくわえて持ち帰る。彼の行く先にはフリス
ビーを投げたご主人らしき人がいる。
再びフリスビーが飛んでくる。犬が先ほどと同じ
ように勢いよく走ってくる。獲物を追いかけるチー
ターのよう、すごいスピードだ。
ジャンプ！　今度は見事空中でキャッチした。す
かさず持ち帰る。

ボーダー・コリーのピカソくん（4歳）。

ご主人であるダヴィドさんの指示を全て理解し的確に動くという。

フリスビーをキャッチして遊ぶのが大好きで、持ち帰ったフリスビーをすぐに投げてくれないと、ダヴィドさんの足元に置き直し、「投げて！」と催促する。

二人（一人と1匹）はカニクロス（人と犬が一緒に走る競技）にも出場する、とてもアクティブなペアだ。

ダヴィドさん、ピカソくんと別れ、歩いていると、枯れ枝を引きずっている犬に出会った。あまり見たことのない犬種だ。

「この子の親犬に出会ったことが、アメリカン・スタッフォードシャー・テリアを飼いたいと思うようになったきっかけなんだ」と話すセバスティアンさん。

一緒にいるのはそのとき出会った犬たちの子、カイくん（1歳）だ。

落ちていた大きな枯れ枝をくわえ、セバスティアンさんのところへ運んでゆく。遊びたいからこれを投げてと言うのだ。
それがダメだと分かると、ピカソくんのフリスビーに突進。しばし奪い合いに。
その後、先輩犬のピカソくんが、ご主人のダヴィドさんの口添えもあって、譲ってあげた模様。カイくんは大喜びでしばらくそれで遊んでいた。
ピカソくん。大人だね。

更に歩いていると、池のほとりでじゃれ合うラブコとムッシュを見かけた。フリスビーなどの道具があるわけではないが、楽しそうに遊んでいる。
愛犬のフレディくん（8歳）を見つめるジョエルさんの目は、とにかくやさしい。
ジョエルさんと一緒にいるフレディくんは、とにかく安心しきった顔を見せる。
まるで仲睦まじい祖父と孫のようだ。

Un Snapshot à Sète

世界遺産ミディ運河の、出発点でもあり終着点でもある町「セート」

子供だったはずなのに、いつの
間にか追い越されている。
同じ時間を過ごしてきた、不思
議で、愉しくて、ちょっと切ない
関係。

Épilogue　出会えた嬉しさ、幸せ

少々恰好をつけた物言いになってしまい恐縮なのですが、旅が好きです。旅をすると、そこで出会った人、モノ、コト、その土地、景色、犬や猫、あらゆるものに愛着が湧きます。旅は、日常から遠く離れた場所にも、愛すべき世界があることを実感させてくれるのです。

この本では、フランスで巡った、犬や飼い主さんたちとの出会いの旅を紹介させていただきました。読者の皆さんがページを捲りながら、思わずニヤッとしたり、ほのぼのとした平和な気分になったりと、のんびり旅をしているような感覚で楽しんでいただけたら、大変嬉しく思います。

さて、僕の実家にも、かつてずっと犬がいました。ロン、ミー、チャコ、ルル。代々皆とても可愛らしいコたちでしたが、僕が実家を離れるまでのあいだ、長く一緒に暮らしていたのが柴犬雑種のミーでした。

確か僕が小学5年生になったばかりのころ、近所で評判の名犬「ハナ」が仔犬を生んだという話が舞い込み、母と弟と見に行った記憶がぼんやりとあります。

住宅の裏庭に、茶色いコが2匹と白いコが1匹。優しい顔をして寝そべっているハナの横で、3匹の仔犬がむぎゅむぎゅ動いていたのです。その中から、「この子!」と、母が抱き上げた、鼻が黒くて茶色い毛並みの女の子が「ミー」でした。

ミーは仔犬の頃こそ、玄関脇の柱をガシガシ噛むなどして、父や母に叱られていましたが、そのうち、僕たち子供から見ても、優しく賢い成犬に育ちました。無駄に吠えることはなく、誰が近寄っても嫌な素振りを見せません。そして、人から一方的に撫でられているだけでなく、人が差し出した手や、寄せた顔を優しく舐め、どんな相手でも分け隔てなく愛おしむように接する、本当に人間のできた……いや、犬のできた犬でした。

僕が朝寝坊だったこともあり、朝の散歩は父が連れて行きます。散歩から帰ったミーは犬小屋に繋がれる前に一旦家の中に入れてもらえます。するとミーは一目散に僕や弟の部屋へと駆けてゆき、眠っている僕たちの顔面を物凄い勢いで舐めまくるのです。

僕たちが布団を被って防御態勢をとっても、隙間からグイッと入り込んできて、鼻から口からおでこから、顔全体をペロペロペロペロペロペロペロペロッ!　育ち盛りで何時間でも眠っていたい僕たちは、そうやって起こされてしまうのでした。

学生時代、僕は時々、ミーに散歩につき合ってもらっていました。何だか妙な言い方ですが、多感な頃のことですから、犬の散歩に行くというより、僕がどこかへ出かけたくてミーを連れ出している感じでした。それでもミーは嫌な顔一つせず、むしろ喜んでつき合ってくれます。地面の匂いを嗅いでは少しずつ用を足したり、何かを見つけ草むらに突っ込んでいったりしながらも、ミーは時々立ち止まって僕を見上げます。僕は特に何か話しかけるわけでもなく、夕暮れ時の畦道や農道を気ままに歩き、物思いに耽っているだけ。そんな僕の気まぐれな散歩を、ミーは、何度も、何時間でも、何も言わず、一緒に……。

僕が大学を卒業して実家を離れ、数年が経ったころ。だいぶ耳が遠くなってきたわ。目が見えなくなってきているみたい。姿が見えなくて皆で探したら溝に落ちとったんや……と、年老いてゆくミーの様子を、電話の向こうの母から聞くようになりました。

久々に僕が帰省すると、ヨタヨタ歩きながら寄って来て、静かに僕の手を舐めてくれるミー。そっか、覚えててくれたんだね。

ある朝、仕事へ出かける準備をしていると、母から電話がありました。「今朝、ミー、亡くなったわ」「そぅ……わかった。ありがとう……」

犬と人間。両者の間には、言葉が通じないもどかしさがあるからこそ生まれる、喜びや愛情、不思議な信頼関係があるような気がしています。犬たちの姿に、従順さに、自己主張に、時折見せるちょっぴりお馬鹿な仕草に、愛らしい表情に、そしてその存在に、心がほだされてしまう私たち。

犬を飼うという言葉があり、人間が犬の世話をしていると捉えるのが当たり前になっていますが、実は人間こそが、精神的にとても助けられているのではないか、幸せをたくさん貰っているのではないか……。

本書が出版された年は、春から新型コロナウィルスの感染拡大によって世界が混乱し、この文章を書いている現在も、決して気を緩めることのできない状況が続いています。取材を受けてくださった皆さんは無事に過ごしていらっしゃるだろうか。犬たちは元気にしているだろうかと、感謝の思いと共に心配も尽きません。

でもきっと、長かったステイホームの期間中、犬たちは愛嬌を振りまき、人々の心のよりどころになっていたんだろうなぁと、不謹慎にも少しばかりニヤッとしながら僕は今、ありがたくも無事に夏を迎えています。

一日も早く、誰もが不安なく過ごせる日々が来ることを願って。

ご覧くださり、ありがとうございました。

東京にて・田中 淳

別れはつらい
でも　ふと
出会えた嬉しさに気づくんだ

……ありがとうね

Troyes

田中 淳（たなか じゅん）
写真随筆家
1967年石川県生まれ。1990年金沢大学教育学部卒業。
1995年以降、フランス・イタリアを中心にヨーロッパの
各地を訪ね、美しい風景、市井の人々の姿を独特の温か
な視線で見つめ、撮影を続ける。
他の著作に、パリの街をきれいにする人たちや、街角のゴ
ミ箱などを撮影した写真集「Paris en Vert 緑色のパリ」
（ころから刊）がある。
＜ website 旅先で、道草 ＞
　https://tabisakide.michikusa.jp/

※ 各町への行き方は、2020年8月現在の情報をもとにしています。

犬のいる風景と出会う旅

Inu de France 犬・ド・フランス

2020年11月18日　初版第1刷

著　者／田中淳
発行人／松崎義行
発　行／みらいパブリッシング
〒166-0003 東京都杉並区高円寺南 4-26-12 福丸ビル 6F
TEL 03-5913-8611　FAX 03-5913-8011
http://miraipub.jp E-mail: info@miraipub.jp
編　集／吉澤裕子
ブックデザイン／池田麻理子
発　売／星雲社（共同出版社・流通責任出版社）
〒112-0005 東京都文京区水道 1-3-30
TEL 03-3868-3275 FAX 03-3868-6588
印刷・製本／株式会社上野印刷所
ISBN978-4-434-28163-1C0026